U0167143

农村供水设施
运行维护技术指南

主编 李斌 孙毅

中国水利水电出版社
www.waterpub.com.cn
·北京·

内 容 提 要

本书系统地梳理了农村供水工程的主要设备设施运行管护要点，从实际操作的角度出发，介绍了基本常识、材料配备、工具使用、问题分析、解决措施、维修养护方法等技术要求。具体内容主要包括：供水设施综合运行与安全卫生管理；水源保护与监测；取水设施、泵站、输配水设施、净水设施、消毒设施、电气与自控装置、安全生产与环境保护、水质检测与管理。

本书适合农村供水工程的管理、技术人员参考。

图书在版编目（CIP）数据

农村供水设施运行维护技术指南 / 李斌，孙毅主编. -- 北京 ：中国水利水电出版社，2021.12
ISBN 978-7-5226-0295-0

Ⅰ．①农… Ⅱ．①李… ②孙… Ⅲ．①农村给水－给水系统－运行－指南②农村给水－给水系统－维修－指南 Ⅳ．①TU991.2-62

中国版本图书馆CIP数据核字(2021)第252374号

书　　名	**农村供水设施运行维护技术指南** NONGCUN GONGSHUI SHESHI YUNXING WEIHU JISHU ZHINAN	
作　　者	主编 李斌　孙毅	
出版发行	中国水利水电出版社 （北京市海淀区玉渊潭南路 1 号 D 座　100038） 网址：www. waterpub. com. cn E - mail：sales@mwr. gov. cn 电话：(010) 68545888（营销中心）	
经　　售	北京科水图书销售有限公司 电话：(010) 68545874、63202643 全国各地新华书店和相关出版物销售网点	
排　　版	中国水利水电出版社微机排版中心	
印　　刷	天津嘉恒印务有限公司	
规　　格	170mm×240mm　16 开本　8 印张　152 千字	
版　　次	2021 年 12 月第 1 版　2021 年 12 月第 1 次印刷	
印　　数	0001—1000 册	
定　　价	**48.00 元**	

前言

FOREWORD

　　农村供水事关亿万农村居民民生福祉，是全面建成小康社会，推进城乡公共服务均等化和实施乡村振兴战略的重要内容。2005 年以来，国家开展了大规模的农村饮水安全工程建设。水利部会同有关部门，指导督促各地在加快推进规模化供水工程建设的同时，着力创新和完善工程长效运行机制，农村饮水安全建设和管理水平进一步提升，农村供水取得了显著成效。2021 年 8 月水利部联合国家发展改革委、财政部、人社部、生态环境部、住建部、农业农村部、国家卫健委、国家乡村振兴局等有关部门印发《关于做好农村供水保障工作的指导意见》（以下简称《意见》），要求各地在"十四五"期间稳步推进农村饮水安全向农村供水保障转变，以建设稳定水源为基础，实施规模化供水工程建设和小型工程标准化改造，不断提升农村供水保障能力，更好满足农村居民改厕、洗涤、环境卫生等用水需求。

　　截至 2020 年年底，全国共建成 931 万处农村供水工程，农村集中供水率达到 88%，自来水普及率达到 83%，农村供水保障水平进一步提升。但由于我国国情水情复杂，区域差异性大，当前全国农村供水保障水平总体仍处于初级阶段，部分农村地区还存在水源不稳定和水量水质保障水平不高等问题。随着农村经济社会发展，顺应农村居民对美好生活的向往，需要提升农村供水标准。

　　今后 5 年乃至更长时期农村供水保障工作的重点工作之一就是做好农村供水脱贫攻坚与乡村振兴的有效衔接，通过运行管理体制机制不断完善，工程运行管护水平不断提升，巩固拓展农村供水成果。要巩固拓展农村供水脱贫攻坚成果，需强化工程日常维修养护，加强基层管水员队伍建设。

为进一步提升农村供水设施的运行管理水平，本书较系统地梳理了农村供水工程中的主要设备设施运行管护要点，从实际操作的角度出发，介绍了基本常识、材料配备、工具使用、问题分析、解决措施、维修养护方法等技术要求，为规范工程中各类设备设施的运行管理，指导提升工程管理能力和管理水平提供参考。

作者

2021 年 11 月

目录

CONTENTS

第 1 章

绪　　论

1.1　背景和目的

1.1.1　农村供水的重要性

水是生命之源、万物之本，是一切生物的基本要素，在日常生活和国民经济各部门中占有极其重要的地位。农村供水工程建设可以满足农村居民生活与生产活动中对水需求。我国有超过 14 亿人口，其中居住在农村的人口有 5 亿多。解决和发展农村供水事关大局。

农村供水工程：向县（市、区）城区以下的镇（乡）、村（社区）等居民区及分散住户供水的工程，以满足村镇居民、企事业单位日常生活用水和二三产业用水需求为主，不包括农业灌溉用水，主要满足农村居民日常生活用水需要。

农村供水是一项为农民生活、生产服务的公用事业，是农村实现小康社会和现代化的重要指标之一。其重要意义主要表现在以下几个方面。

（1）改善农村人民群众生活条件，提高农民的生活质量。确保广大农民能够饮用安全、卫生的自来水，对提高我国农民的身体健康水平和卫生条件有显著作用，特别是对降低肠道传染病的发病率以及各种以水为介质的地方病有显著作用。

（2）繁荣乡镇企业，促进农村经济的发展。一是促进乡镇和村办企业的发展，集中供水设施可为村办工、副业的发展提供有利条件。二是良好的供水条件，可帮助改善投资环境，有利于招商和吸引外资。

（3）缩小城乡差别、促进全社会协调发展。饮用安全卫生的自来水，不仅对提高人民群众的健康水平产生直接的影响，而且使许多家庭卫生设施、设备，如洗衣机等进入农村家家户户成为可能，从而有利于改善农户家庭环境，缩小城乡差别，促进全社会协调发展。

（4）进一步体现了水利基础设施与基础产业的重要作用，拓宽了水利服务功能，增强水利经济实力。

要巩固拓展农村供水脱贫攻坚成果，强化工程日常维修养护，加强基层管水员队伍建设，农村供水工程的管理能力需要逐渐加强，为进一步规范工程的运行维护，指导提升工程具体运行管理人员业务能力和管理水平，需要从实际操作的角度出发，以基本常识、材料配备、工具使用、问题分析、解决措施、维修养护方法等为主要内容，提出农村供水设施运行维护技术指南。

1.1.2　农村供水工程的分类

农村供水工程可分为两大类：一是集中供水工程；二是分散供水工程。集中供水是指从水源集中取水输送，视必要经净化和消毒后，通过配水管网输送到用户或集中供水点的供水工程。一般服务人口为 100 人及以上。分散供水是指农村地区分散居住户使用或采用简易设施或工具直接从水源取水的供水方式。

农村供水工程按水源分主要有地表水、地下水两种类型，也有同时利用地表水和地下水的情形。地下水主要包括潜水、承压水和岩溶水；地表水主要包括河流、湖泊、水库等。

农村饮水安全，指农村居民能及时取得足够的生活饮用水，且长期饮用不影响人身健康。农村饮水安全包括水质、水量、用水方便程度和供水保证率 4 项评价指标。水质：集中供水工程出厂水或末稍水水质应符合《生活饮用水卫生标准》（GB 5749）的要求；分散供水工程水中无肉眼可见杂质、无异色异味、用水户长期饮用无不良反应，或水质检测结果符合 GB 5749 的要求。水量：能满足人们合理的饮用水需求，同时符合《村镇供水工程设计规范》（SL 310）等有关标准的规定。用水方便程度：平原区、浅山区集中供水工程原则上要求供水全部入户；山区、牧区等不具备入户条件的，由集中供水点或分散供水工程供水，人工取水往返时间不超过 10min。供水保证率：千吨万人（日供水规模1000m/d 或受益人口 10000 人）以上供水工程，供水保证率不低于 95%，其他供水工程供水保证率不低于 90%。

1.2　农村供水现状及问题

1.2.1　农村供水现状

截至 2020 年年底，全国共建成 931 万处农村供水工程，农村集中供水率达到 88%，自来水普及率达到 83%，农村供水保障水平进一步提升。但由于我国国情水情复杂，区域差异性大，当前全国农村供水保障水平总体仍处于初级阶段，部分农村地区还存在水源不稳定和水量水质保障水平不高等问题。随着农村经济社会发展，顺应农村居民对美好生活的向往，需要提升农村供水标准。

1.2.2 农村供水存在的部分问题

（1）管理和组织性质界定不明晰，运行经费没保障。现行法规政策对农村供水工程管理组织缺乏明确的定性，导致工程运行管理及维修养护经费来源不足，无法提取大修理和折旧费。当工程、设备需要大修或改造时，无资金保障，造成工程带病运行或提前报废。

（2）部分工程产权不清，管理责任不落实。部分新建工程的产权归属不明确，农村供水工程的资金投入渠道多，包括乡镇在内的各级政府财政补助、水厂自己向金融机构贷款、村集体投入、农民集资以及民间资本投入，这给产权界定带来困难，如果以上供水工程附着的土地权属关系，更增加了明晰产权的难度。农村供水工程产权不清晰往往导致建管脱节、资产监管缺位，工程管理主体不明确，管理责任不落实。农民误认为工程是国家的，破损了应由国家修，缺乏主人翁责任感。

（3）供水成本高，水费收入难以补偿成本。农村供水工程供水成本高的主要原因有：单个工程规模小，供水量少，制水成本相对较高；许多工程用电按照非普企业用电、普通工业用电或商业用电电价收费。据调查分析，电费支出占运行成本的一半左右，有的甚至高达80％；税费负担重，如集体企业所得税、集体企业增值税、集体企业城市维护建设税、一般教育费附加税、集体企业土地使用税和其他印花税等。大多数农村供水工程水价在 $1 \sim 2$ 元/m^3，低于成本水价。

（4）水源保护、水质检测和监测工作薄弱。规模大的农村供水工程多数建立了水源保护区，量大面广的小型供水工程水源保护措施难以落实。农业面源污染以及生活污水、工业废水对水体的污染日益严重，甚至在南方水资源相对丰富的农村地区也难以找到合格的饮用水源，不得不对污染水进行深度处理，而水费收入难以支撑较高的水处理成本，造成一些水厂水质达标率不高。

（5）管理人员技术水平和管理能力低、待遇差，基层技术服务体系建设滞后。农村水厂管理人员中，除少数经过专门培训外，多数缺少专业技术培训，特别是单村供水工程管理人员，普遍业务素质不高，管理能力难以胜任日常管理工作要求。供水工程运行管理设计工程维护、机电设备保养、水质净化与消毒等专业，不可能每个小水厂都配齐熟悉各专业知识技能的管理人员，需要通过建立基层社会化专业服务体系来解决。目前，这一体系的建设在一些地方刚刚起步。

（6）有关政策法规不健全，管理制度不完善。全国性的农村供水管理条例（办法）尚未出台，有相当一部分农村水厂管理制度不健全，有些水厂虽然有制度，但执行不严格，落实不到位。

第 2 章

供水设施综合运行与安全卫生管理

2.1 概述

供水设施综合运行是指供水工程建设完成后，通过规范化、标准化的操作对供水设施加以利用以满足居民的日常用水需求，同时对其进行定期维护保养，保障供水工程稳定、高效、长期运行的措施。

安全卫生管理是指在供水工程综合运行过程中，对水量及水压进行监测，对水质进行检测，对管网及供水设施定期维护保养以保证供水工程安全健康运行所采取的措施。

其中，制水管理要求如下：

（1）日常维修需要局部停水的，由管理人员与受影响的用户协调确定，并预先通知有关用水户。

（2）值班人员必须遵守操作规程，制水过程和设备运行及用水情况应进行记录，如实登记每日的用水运行情况。

（3）值班人员应经常检查水源供应和供水排放情况，及时掌握清水池的水位，避免造成水资源的浪费。

（4）认真做好沉淀池、滤池、消毒等制水工艺流程的正确操作和维护保养，保持各滤池和设备的整洁。

（5）合理使用消毒和混凝药剂。确保水质稳定和成本控制。

2.2 供水系统运行与启停

2.2.1 供水系统的启动

（1）做好启动前的准备工作。

1）操作者应熟悉循环水的工艺流程，接生产调度指令后，按用水设备的生产情况确定开启供水设备的型号和台数。

2）运行前，清水池应保持高水位。

（2）按电气程序做好开泵准备。

（3）转动联轴器，应旋转轻快，联轴器间应保持2～4mm的距离。

（4）检查油质、油位是否合乎规定。

（5）检查出水闸、阀开启情况，原则上实行闭阀开车；正常情况下，泵出口止回阀处于关闭状态可以满足闭阀开车的要求。

（6）电流表指示应在零位。

（7）按照各不同转动装置的要求向各润滑部位注入润滑油脂。

2.2.2　供水系统操作

（1）打开泵进口放气阀，待气体放出后，关闭阀门。

（2）检查泵各部位运转情况及水压表指示，无异常后打开阀门，否则应开启相应的备用泵后再停机检查处理。

（3）待运转正常后，应挂上运行牌。

（4）连续启动不准超过两次，且时间总和不超过2min。

2.2.3　正常运行中检查与维护

（1）坚持巡回检查制度，每小时至少检查1次，应根据生产用水情况及时调整设备负荷，要特别注意各相关供回水池的水平衡。

（2）听电机和水泵内的声响，不应有撞击和摩擦声。

（3）检查油质、油位是否合乎规定，保持油质良好，油位正常。

（4）油环应转动灵活，带油无声响，滚动轴承声音正常，升温不超过规定值。

（5）检查填料处是否发热，滴水应正常（20～40滴/min），如果不正常，随时调整调料压盖的松紧或更换填料。

（6）经常检查各仪表工作是否正常、稳定，电流表指示不能超过电动机额定电流。

（7）检查安全装置是否稳固，地脚螺栓是否松动。

（8）检查池内动水位的变化，水泵驱动前水池内水位应保持在吸水管水平段1m，水泵运行中允许最低水位与水平段吸水管外壁上端齐平。

（9）听蝶阀、逆止阀是否声音正常。

（10）检查水泵震动，其振动值不能超过有关规定。

（11）经常擦抹机组及附属设备上的灰尘、油渍，保持清洁。

2.2.4 停泵

（1）接到停泵指令后，做好停泵准备。

（2）操作控制柜上按"停止"按钮，电流表指针下降到零，停泵。

（3）个别泵停运后，看其他同时并联运行的泵仍处于运行状态，观察停运泵的出水止回阀的回水情况，若有倒流现象应关闭出口闸阀。

2.3 安全卫生管理

2.3.1 取水口卫生防护

（1）饮水工程取水点周围半径不小于 100m 范围内，河流取水点上游 100m 至下游 100m 范围内为卫生防护区。

（2）供生活饮用水的专用山塘水库，应视具体情况将整个山塘水库及其沿岸范围作为水源防护范围，设立明显的范围标志。

（3）在防护范围内不得游泳、捕捞和从事一切可能污染水源的活动；不得排入工业废水和生活污水。防护范围内不得堆放垃圾，不得设置有害化品的仓库，农田不得使用污水灌溉及施用持久性有毒农药。

（4）在河流取水点上游，应严格控制向河流排放污染物，并实行总量控制。排放的污水应符合相关标准的要求，取水点水质必须符合生活饮用水源取水标准。

（5）每天应记录水源取水量，定期观测取水口水位、水质变化和来水情况。

（6）应及时清理取水口处的杂草和漂浮物，并及时清除取水口处的淤泥和水生物。

2.3.2 厂区卫生管理制度

（1）厂区内必须保持清洁，无杂草污物，由值班人员负责打扫干净。

（2）厂区的花草、树木等由值班人员负责管理。

（3）工作人员必须注意个人卫生，保持服装整洁。

2.4 应急管理的保障措施

2.4.1 备用水源保障

供水规模在千吨万人以上的农村集中供水工程，需要建设适度规模的应急备用水源，如备用机井、附近的湖泊和水库等。

2.4.2 基金保障

地方县级财政应设立农村饮水安全应急专项资金，列入年度财政预算。当发生饮水安全突发性事件时，能做到及时、快速、有效，尽可能快地恢复供水。

2.4.3 物资保障

各级领导机构要制定抢险、救援物资调配方案，做好物资储备，当发生事故时，统一对物资进行调配，确保物资及时供应。

2.4.4 技术保障

指挥部应组织供水规划设计、水环境监测、卫生防疫等有关方面的专家为应急决策提供咨询或建议，及时解决难题，恢复供水。

2.4.5 队伍保障

指挥部组织好消防、交通、建设、民政、卫生、水利、环保、公安、广电、等有关部门和单位一起应对突发事件。

2.4.6 信息系统保障

不断加强信息化建设，实现水源保护、水质检验、生产调度信息联动，建立健全包括水源、水厂、管网的水质自动监测系统，完善远方监视控制与数据收集系统，建立覆盖整个管网的在线仪表监测系统，提高水源地和水厂的自动化控制水平，缩短供水安全保障体系的响应时间。

第 3 章

水 源 保 护 与 监 测

3.1 概述

水源保护是指对饮用水水源进行使其不受污染的所采取的各项措施，在这一过程中，运用各种设备、仪器对水源水量、水质等指标进行的数据采集、整理或分析的过程称为水源监测。

生活饮用水的水源，必须设置卫生防护地带。集中式给水水源卫生防护地带的规定如下。

3.1.1 地表水

取水点周围半径100m的水域内，严禁捕捞、停靠船只、游泳和从事可能污染水源的任何活动并由供水单位设置明显的范围标志和严禁事项的告示牌。

取水点上游1000m至下游100m的水域，不得排入工业废水和生活污水，其沿岸防护范围内不得堆放废渣，不得设立有害化学物品仓库、堆栈或装卸垃圾、粪便和有毒物品的码头，不得使用工业废水或生活污水灌溉及施用持久性或剧毒的农药，不得从事放牧等有可能污染该段水域水质的活动。

水厂生产区的范围应明确划定并设立明显标志，在生产区外围不小于10m范围内不得设置生活居住区和修建禽畜饲养场、渗水厕所、渗水坑，不得堆放垃圾、粪便、废渣或铺设污水渠道，应保持良好的卫生状况和绿化。

3.1.2 地下水

取水构筑物的防护范围，其防护措施与地表水的水厂生产区要求相同。

9

在单井或井群的影响半径范围内，不得使用工业废水或生活污水灌溉和施用持久性或剧毒的农药，不得修建渗水厕所、渗水坑、堆放废渣滓或铺设污水渠道，不得从事破坏深层土层的活动。如取水层在水井影响半径内不露出地面或取水层与地面水没有互相补充关系时，可根据具体情况设置较小的防护范围。

3.2　水源保护

3.2.1　地下水源卫生防护要求

（1）取水构筑物的卫生防护范围，应根据水文地质条件、取水构筑物的形式和附近地区的卫生状况确定，其防护措施与地表水水源水厂生产区的要求相同。

（2）在井的影响半径范围内，不得使用工业废水或生活污水灌溉农作物，不得施用持久性或剧毒性农药，不得修建渗水厕所、渗水坑、堆放垃圾废渣或铺设污水管道，不得从事破坏深层土壤的活动。

资料缺乏时，可将粉砂含水层水源井的周围 30～50m、砂砾含水层水源井的周围 200～500m 划定为保护区。

雨季应及时疏导地表积水，防止积水入渗或漫流至水源井内。

3.2.2　地表水源卫生防护要求

（1）取水点周围半径 100m 水域内，严禁捕捞、停靠船只、游泳和从事其他可能污染水源的任何活动，应设立明显的范围标志和严禁事项的告示牌。

（2）河流型水源取水点上游 1000m 至下游 100m 的水域、沿岸 50m 陆域内，不得排入工业废水和生活污水；其沿岸防护范围内，不得堆放废渣，不得设立有害化学物品仓库、堆栈或装卸垃圾、粪便和有毒物品的码头，不得使用工业废水和生活污水灌溉农田及施用有持续性或剧毒性的农药，不得从事放养畜禽等活动，严格控制网箱养殖活动。

作为生活饮用水源的水库、湖泊和塘坝，应视具体情况，将取水点周围 500m 部分水域或整个水域及沿岸陆域 200m 划为卫生防护带，其防护措施按上述要求执行。

（3）农村水厂生产区或单独设立的泵房、沉淀池、清水池、高位水池外围 10m 的范围内，不得设置生活居住区和修建畜禽饲养场、渗水厕所、渗水坑，不得堆放垃圾、粪便、废渣或铺设污水管道，保持良好的卫生状况和绿化，并应设立明显的标志。

（4）以河流为水源的农村水厂，可根据实际需要，由当地政府有关部门，划定水源保护区，严格控制污染物排放量。排放污水时，应符合《污水综合排放标准》（GB 8978—1996）、《城镇污水处理厂污染物排放标准》（GB 18918—2002）和《地表水环境质量标准》（GB 3838—2002）的有关要求，以保证取水点的水质符合生活饮用水水源水质要求。

3.3　水源监测

3.3.1　监测指标与频率

（1）监测指标选择。监测指标应能反映该水体水质的全面情况，能说明该水源水作为饮用水水源存在的问题、有害物质的种类和浓度，必要时还需说明这些污染物的性质和来源。在考虑监测指标时，还应注意集水区的环境污染资料以及供水区的水性疾病（主要是肠道传染病和水源性地方病）资料。

（2）主要指标。主要指标是指说明水源水性质的最重要指标。主要指标需根据实际存在的问题进行选择，例如，该地如果流行水源型地方性氟中毒病，则应将氟化物列为主要监测指标；对于大多数地区，反映水性传染病的总大肠菌群需列入主要指标之中。

（3）基本指标。基本指标是反映水体基本情况的指标，包括水温、pH 值、浑浊度、氨氮、硝酸盐＋亚硝酸盐、耗氧量、色、臭、总硬度、硫酸盐、氯化物、铁、锰等，同时还应包括当地存在的实际问题的有关指标。

（4）选择性指标。多种污染物在饮用水水源中呈现局部或地区性分布，这类指标应根据实际情况选择，如氟化物、砷、铬、铅、铜、锌、汞、镉、硒、其他金属、溶解性总固体、阴离子洗涤剂、挥发酚类化合物、氰化物、多环芳烃、农药、贾第鞭毛虫、隐孢子虫等。

（5）其他指标。饮用水水源水质监测中可能会选用非饮用水卫生标准中的指标，这些指标可能反映水质污染程度，或者用作水质控制指标，如生化需氧量、化学需氧量、溶解氧、总磷、总氮、叶绿素、优势藻浓度、电导率等。

3.3.2　水质监测频率

监测水样测定值的可信程度取决于该指标测定值的变异性和所采水样数目。可信度与样品数的平方成正比。在实际工作中，监测工作初期缺乏经验和参考资料，应增加监测采样的次数，当积累了一定的经验、取得一些监测数据并掌握其变化规律后，可适当减少监测采样频率。

（1）常规情况。监测初期，如果缺乏确定监测频率的资料时，可参照表 3-1

所列参数采集监测样本。监测数据应及时收集并建立水源水的水质资料数据库。

表 3-1　　　　　　　　　　　　水源水监测参考频率

水源水类型	监测频率	积累一定经验和资料后
河流	每 2 周 1 次	每 1~3 月 1 次
湖泊、水库	每 2 月 1 次	每 3~6 月 1 次
地下水	每 3 月 1 次	每 6~12 月 1 次

（2）特殊情况。应注意水源水质与环境条件的关系，观察温度、季节、天气变化、潮汐等环境因素对水质的影响。监测工作初期可在相应环境条件发生变化时适当增加监测频率，积累监测数据和资料，摸索不同情况下适宜的监测频率，总结监测工作经验。除此之外，在特殊情况发生时，如遇到暴雨、人为污染等可能引起水质变化的情况时也应增加监测频率，动态监测水质变化情况。水源水质出现异常或污染物超过有关标准规定时，应及时采取措施并报告有关主管部门。

3.3.3　监测点确定与布置

水源水是指集中式供水水源地的原水。水源水的水质监测点应选择在水源取水口处，应能反映水源水的实际水质性状。如果要掌握水源水中污染物的来源、种类和浓度的变化，还应在上游主要污染源前后，主要支流前后布置水质监测点，同时还应根据实际情况调整监测点的安排。

3.3.4　监测设备

水源监测设备分为水量监测设备、水质监测设备、信息采集与传输设备等。

（1）水量监测。水资源水量监测主要包括供水水源地、行政边界控制面的水量监测，地表水供水渠道、管道的水量监测，主要取水口、入河（湖）排水口的水量监测等。主要监测仪器包括流量测量仪器、水位测量仪器、流速仪和测探仪。

（2）水质在线监测。水质在线监测应根据监测对象选择适当的水质参数和在线自动监测仪器。对于水功能区河道水质自动检测，以常规水质 5 项参数（水温、pH 值、溶解氧、电导率、浊度）和水功能区纳污总量考核指标化学需氧量、氨氮为监测参数。对于水功能区湖库水质自动监测，除上述 7 项外，可加选对湖库有重要影响的总磷、总氮 2 项参数进行监测。

（3）数据采集（测控）终端机。数据采集（测控）终端机具有自动实时采集、存储并传输各类水位和流速等监测传感器的监测数据，并配合数据传输单元实现信息传输的功能，也具有自动控制水泵的电源或回路、自动控制阀门的开闭等控制功能。

（4）数据传输单元。数据传输单元应依据测站特点和周边通信条件、前期其他水利信息化系统建设状况，以及传输流量的大小进行合理选择。除视频信息外，其他信息传输流量一般比较小，因此可优先选择公共移动通信方式。

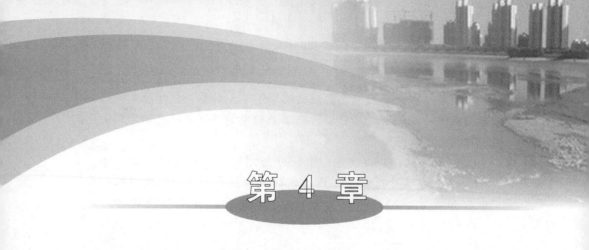

第 4 章

取 水 设 施

4.1 地下水取水设施

地下水取水构筑物主要有管井、大口井、渗渠和引泉池。

4.1.1 管井

1. 管井的构造

管井又名机井，是地下水取水构筑物中广泛采用的一种形式。在有潜水、承压水、裂隙水以及岩溶水等地下水源的地区，可采用管井取水。管井一般适合建于地下水埋深 300m 以内、含水层厚度大于 5m 或有多个含水层的地区。管井的结构通常由井室、井壁管、滤管（又称过滤器）、人工填砾和沉淀管（又称沉沙管）等部分组成。一般的管井构造如图 4-1 所示。

（1）井室：井室是用来保护井口免受污染，安装抽水设备和进行维护管理的场所。

（2）井壁管：井壁管的作用是加固井壁，连接滤管、隔离水质不良或水头较低的含水层。井壁管材质通常有铸铁、钢等金属管以及塑料等非金属管两种，井深小于 150m 时，可采用非金属管；大于 150m 时宜采用金属管。

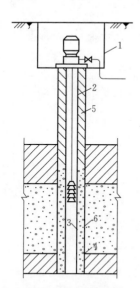

图 4-1 管井构造示意图

1—井室；2—井壁管；

3—滤管；4—沉淀管；

5—黏土封闭；6—人工填砾

（3）滤管：安装在含水层中，用以集水、保持填砾和含水层的稳定性。

（4）沉淀管：位于管井的底部，其作用是贮存由地下水带入井内的细砂和从水中析出的沉淀物，长度一般为 2～10m。

2. 管井的使用与维护管理

（1）应对井房、井台定期维护，使其保持完好。

（2）管井竣工投产运行之前或每次检修后，应进行消毒。取 1kg 的漂白粉用 24kg 水配成漂白粉溶液，先将一半倒入井中，少顷，开动水泵，使出水带有氯味；停泵后将另一半漂白粉溶液倒入井中，浸泡井壁和泵管 24h，再开动水泵抽水，直到出水中的氯味全部消失后才可正常使用。

（3）水泵抽水量应小于井的最大允许开采量，以防止破坏含水层结构甚至造成井壁坍塌。

（4）每运行半年，测量一次井深，发现井底淤积过多、井深变浅时，应及时用抽砂机或空气压缩机进行清淤。对管井清淤或洗井前应做好充分准备，尽量减少停泵时间。

（5）长期停用的管井，存在堵塞、腐蚀的可能，并容易滋生细菌。管井停用期间，应每隔 15～20d 进行一次维护性抽水，每次 4～8h，以经常保持井内清洁。井群供水，只开最少井运行时，宜采用轮回启动各井的运行方式。

（6）无论管井使用或停用，每月都要测量一次动、静水位和相应的出水量、水中含砂量和水温，其他水质检测项目和频度按相关规定执行。

（7）管井的操作管理人员宜严格执行水泵、电机等机电设备操作规程。

（8）管井技术档案。每眼管井都应建立技术档案，详细记录机电设备大修理、更新、管井清淤、事故处理以及出水量、地下水位、水质、含沙量变化等情况，与水厂其他档案一起，作为分析研究和改进水厂运行管理的基础资料，并妥善保管。

4.1.2　大口井

1. 大口井的构造

大口井是开采浅层地下水的取水构筑物，直径一般为 2～10m，井深在 15m 以内，由井口、井筒、进水部分和井底反滤层等部分组成。大口井的一般构造如图 4-2 所示。

（1）井口：大口井露出地表的部分。主要作用是避免地表污水从井口或沿井壁侵入含水层而污染地下水。井口一般应高出地表面 0.5m，并在其周围修建宽 1.5m 的排水坡。如井口附近表层土壤渗透性较强，排水坡下面还应回填宽度为 0.5m、厚度为 1.5m 的黏土层。

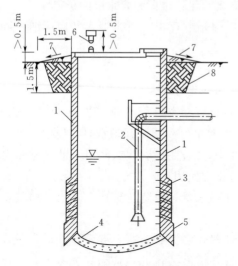

图 4-2　大口井构造示意图

1—井筒；2—吸水管；3—井壁进水孔；
4—井底反滤层；5—刃脚；6—通风管；
7—排水坡；8—黏土层

（2）井筒：大口井的主体，有圆形和阶梯圆筒形等形式，井筒一般采用钢筋混凝土、混凝土块、块石、砖等砌筑。

（3）进水部分：进水部分位于地下含水层中，包括井壁进水孔和井底反滤层，它的作用在于从含水层中渗滤汇集地下水。

2. 大口井的使用与维护管理

（1）应严格控制取水量，不得超过设计抽水量取水，尤其在地下水补给来源少的枯水期更应注意，超量开采会破坏过滤设施，导致井内大量涌砂，或使地下水含水层水位下降，含水层被疏干，致使大口井报废。

（2）井壁进水孔和井底很可能堵塞，应每月观测一次井内水位，发现堵塞情况，及时进行清淤。

（3）当井水位受区域地下水位持续降落，或长期干旱少雨影响而下降幅度较大，影响水厂正常取水时，可采取扩挖井深、井内打水平辐射集水管等方法增加出水量。

（4）在井的影响半径范围内，注意观察环境污染状况，严格执行水源卫生防护制度，还应特别注意防止周围遭受污染的地表水渗入。

（5）及时清理井内水面漂浮的树叶等杂物，保持井内卫生，避免或减少各种生物滋生而影响井水水质。

4.1.3　渗渠

1. 渗渠的构造

渗渠是利用埋设在地下含水层中带孔眼的水平渗水管道或渠道，依靠水的渗透和重力流来集取地下水。渗渠通常由吸水管、集水管、人工反滤层、集水井、检查井组成。渗渠的一般构造如图4-3所示。

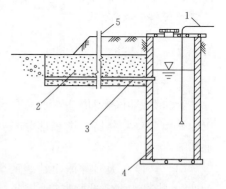

图 4-3　渗渠构造示意图

1—吸水管；2—人工反滤层；3—集水管；
4—集水井；5—检查井

（1）集水管：多采用带孔眼的钢筋混凝土管，孔眼有圆形和长方形两种。

（2）反滤层：为防止含水层中细小砂粒堵塞进水孔或使集水管内产生淤积，在集水管外设置反滤层。

（3）集水井：有矩形和圆形两种，多采用钢筋混凝土或块石砌筑；井盖上设人孔和通风管。

（4）检查井：在渗渠集水管的端部、转弯处和变断面处都应设置检查井。直线管段检查井间距一般50m左右，采用钢筋混凝土圆形结构，直径为1～2m。井底设有深0.5～1.0m的沉砂槽。

2. 渗渠的使用与维护管理

（1）运行中注意地下水水位的变化，枯水期时应避免过量开采地下水，以免造成涌砂或水位严重下降。

（2）渗渠长期运行，反滤层可能淤塞，应视淤堵影响出水量情况安排清洗或更新滤料；回填时应严格按照设计的滤层滤料级配，做到回填均匀。

（3）做好渗渠的防洪。禁止在渗渠前后进行有可能危及洪水期渗渠安全的采砂、打坝等活动；洪水过后及时检查并清理淤积物，修补损坏部分。

（4）注意河床及河岸变迁，防止因河道冲刷或淤积影响渗渠进水；有条件的水厂可建备用渗渠或地表水取水口，以保证事故或检修时不中断供水。

（5）增加渗渠出水量的措施：枯水期在渗渠下游，用装填泥土的草袋筑临时坝以抬高水位，雨季到来时洪水将临时坝冲走；在渗渠下游建拦河闸，枯水期下闸蓄水、丰水期开闸放水；在渗渠下游10～30m河床下修地下潜水坝。这几种措施都可抬高水位，增加渗渠的出水量。

4.1.4　引泉池

1. 引泉池的构造

引泉池是具有泉水资源地区的取水构筑物。偏远山区基本无工业污染，人类活动对自然环境影响少，以水质良好的泉水作为饮用水源，一般无需净化处理，并常可利用地形条件，在重力作用下引泉入村，既方便又经济。引泉池一般分为两种：一种为集水井与引泉池分建，靠集水井集取泉水，引泉池起蓄水作用。集水井建在泉水出口处，一般可用块石等材料砌筑，形状似大口井，将泉水引入井内，再通过连通管使泉水流入引泉池。另一种是不建集水井，而靠引泉池一侧池壁集取泉水。引泉池的一般构造如图4-4所示。

2. 引泉池的使用与维护管理

（1）引泉池应高出附近地面并加盖，使用中应经常检查集水井、引泉池周围状况，雨季尤其应避免地表径流进入池内。

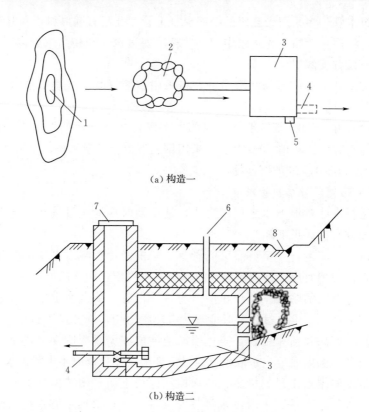

(a) 构造一

(b) 构造二

图 4-4　引泉池构造示意图

1—山；2—集水井；3—引泉池；4—出水管；5—溢流管；6—透气管；7—井盖；8—排水沟

（2）每年对引泉池放空清洗一次，用漂白粉液消毒，避免蚊虫滋生，保持泉池清洁卫生。

（3）定期对引泉池附属的闸阀进行养护，保证启闭灵活；保持溢流管和排空管道的畅通。

4.2　地表水取水设施

4.2.1　地表水取水构筑物的类型

由于水源种类、性质和取水条件不同，地表水取水构筑物有多种形式，一般分为固定式、移动式、山区浅水河流取水构筑物。

1. 固定式取水构筑物

多指分建式岸边取水构筑物（图 4-5），进水井与泵房分建。此种构筑物结构简单，施工容易，但操作管理较不便。

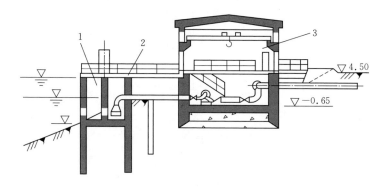

图 4-5 分建式岸边取水构筑物（高程单位：m）
1—进水井；2—引桥；3—泵房

2. 移动式取水构筑物

多指浮船式取水构筑物（图 4-6），取水泵安装在浮船上，由吸水管直接从河中取水，经连络管将水输入岸边输水斜管。它适用于河流水位变化幅度大、枯水期水深在 1m 以上、水流平稳、风浪小、停泊条件较好且冬季无冰凌、漂浮物少的情况。

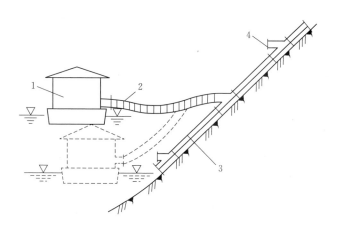

图 4-6 浮船式取水构筑物
1—浮船；2—橡胶软管；3—输水斜管；4—阶梯式接口

3. 山区浅水河流取水构筑物

多指固定式低坝取水构筑物（图 4-7），适用于枯水期河水流量小、水浅、不通航、不放筏且推移质不多的小型山溪河流。

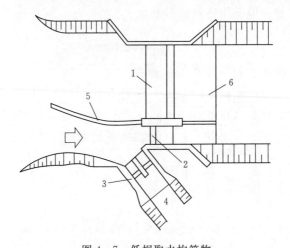

图 4－7　低坝取水构筑物

1—溢流坝（低坝）；2—冲砂闸；3—进水闸；4—引水明渠；5—导流堤；6—护坦

4.2.2　地表水取水构筑物的使用与维护管理

1. 取水构筑物的使用与保养

（1）经常清除取水口外格栅处的藻类、杂草和其他漂浮物，每班至少巡视清除一次。

（2）藻类、杂草、漂浮物较多时应增加清除次数，格栅前后的水位差不得超过 0.3m，以保证取水量和格栅安全。

（3）清除格栅前杂物时应有周密的安全措施，操作人员不得少于 2 人。

（4）冬季水源结冻的取水口，应有防结冰措施及解冻时防冰凌冲撞措施，以保证取水量和取水口的安全。

（5）应经常检查取水口设施所有传动部件、阀门运行情况，按规定加注润滑油、调整阀门填料并擦拭干净。

（6）应定期检查进水管、集水井是否淤积，进水管淤积可采用顺冲法或反冲法用水冲洗。

（7）应经常检查水位计、取水水表等仪表是否工作正常，每班记录仪表数据。

（8）应经常沿输水管线进行巡查，及时发现并处理输水管和附件的漏水、失灵、丢失、管线占压等问题。

（9）制定取水构筑物的防洪、度汛预案，做好汛前检查与防汛物资储备。

2. 取水构筑物的维护

（1）对格栅、阀门及附属设备应每季度检查一次；长期开启和长期关闭的阀门每季度都应开关活动一次并进行保养，金属部件补刷油漆。

（2）对取水口的设施、设备，应每年检修一次，更换易损部件，修补局部破损的钢筋混凝土构筑物，油漆金属件，修缮房屋等。

（3）对进水口所在河、库位置的深度，应每年锤测一次，并做记录，发现变浅应及时进行清淤疏挖。

（4）每季度维修一次输水管线及其附属设施，保持其完好。

（5）对输水明渠要定期检查，及时清除淤积杂物、水草藻类，保证输水通畅和水质良好。

第 5 章

泵 站

5.1 水泵运行

作为水厂的关键设备之一，水泵必须始终保持良好的技术状态。水泵的结构应完整，安装正确，零部件技术条件完好；扬程、流量、效率、吸程和气蚀性能等参数满足设计使用要求。一般来说，只要水泵选型合理，使用维护得当，这些要求都可以达到。

5.1.1 水泵开机前的检查

安装完毕或刚刚经过检修以及长期停用的水泵，投入运行前应按安装或检修规章制度要求，对各项技术指标与设备状况进行认真检查，并在运行前作好下列准备工作，确保水泵各部件都处在正常状态，方可开机运行。

（1）盘车检查，用手慢慢转动联轴器或皮带轴，查看水泵转动部分是否灵活或受阻，皮带松紧是否合适，填料函松紧是否适宜，轴承有无松紧不均或杂音。

（2）检查轴承中的润滑油是否清洁和适量，用水冷却的轴承，应开启轴承冷却水管。

（3）检查水泵与动力机地脚螺栓、联轴器螺栓等是否紧固。

（4）检查并清除进水池，尤其是拦污栅前的水草等杂物，查看进水池水位是否处在设计要求值左右，水泵吸水管淹没深度是否符合要求。

（5）如果是第一次启用或重新安装的水泵，应检查其旋转方向是否正确。

5.1.2 水泵的开机与停机

对于离心泵与蜗壳式混流泵装置，一般为关阀启动。具体步骤是：先关闭出水管路闸阀和水泵进出口处仪表（真空表、压力表）以及泵体下部放水孔，然后进行充水，使泵体、吸水管路内全部充满水，再启动电动机，待转速达到额定值后，旋开压力表，观察其指针是否正常偏转。如指针偏转正常，再缓慢开启出水管路上的闸阀，使水泵压力表达到额定工作压力，完成开机过程。此外，真空表和压力表在不用时应关掉。如指针不偏转，要立即停机，查找原因排除故障后再启动。

对于立式轴流泵和导叶式混流泵，均为开阀启动。一般先注水，用水润滑橡胶导轴承，接着即可启动动力机，待转速达到额定值后，停止注水，水泵即转入正常运行。

离心泵与轴流泵的停机操作方法也不同。离心泵停机的步骤稍许有些复杂，具体步骤是先关闭压力表和闸阀，使动力机处于轻载状态，然后关闭真空表，最后停机；如隔几天才再开机运行，或者冬季低温下长期停机，一定要将泵内与管路中的余水放空，防止零部件长时间漫水生锈或冻坏；如是短时间停机，可不用放空余水；停机放空的离心泵装置的仪表开关要打开，使指针复位。轴流泵停机较简单，关停动力机即可。

5.1.3 水泵运行中的注意事项

水泵运行中，操作人员要坚守岗位，严格执行操作规程，做好巡查监测，认真填写运行日志，及时发现并排除故障，确保水厂正常生产。

（1）随时监听水泵振动、声响情况，如噪声过大或出现异常声音，应查明原因并消除。

（2）经常检查轴承温升和润滑油的油质、油位等情况，这两者之间有密切关系。如水泵轴承未装温度计，可经常用手触摸轴承外壳。如果太烫、手背不能接触，表明轴承温度可能过高，这会造成润滑油质分解，摩擦面油膜破坏，润滑失效。一般滑动轴承每运行 $200\sim300\mathrm{h}$ 后应换一次润滑油，滚动轴承每运行 $1500\mathrm{h}$ 应清洗一次。

（3）随时注意真空表、压力表指针指示是否正常，如有剧烈变化等情况，应分析查找原因，并设法排除故障。

（4）注意轴封填料的滴水情况，一般以连续滴水为宜。

（5）经常注意进水管路，查看有无漏气现象。

（6）经常查看进水池水位变化和池内是否有过多漂浮物，当出现池水位过低、池中有漩涡时，可用漂放木板等办法消除。

（7）轴流泵和导叶式混流泵应经常检查橡胶导轴承的磨损情况，如发现磨损量过大，应及时更换。

（8）皮带传动的机组应经常保持皮带工作面的清洁干燥。

5.2　水泵维修养护

5.2.1　水泵常见故障与维修

1. 流量不足

产生原因：多为吸水管或底阀漏气；进水口堵塞；底阀入水深度不足；水泵转速过低；密封环或叶轮磨损过大；吸水高度超标等。

处理方法：检查吸水管与底阀，堵住漏气源；清理进水口处的堵塞物；加大底阀入水深度，底阀入水深度必须大于进水管直径的 1.5 倍；检查电源电压，提高水泵转速；更换密封环或叶轮；降低水泵的安装位置，或更换高扬程水泵。

2. 运行不久便停机

产生原因：吸程太高；叶轮或管线受阻；产生空气或入口管线有泄漏；填料函中的填料或密封磨损，使空气漏入泵壳中；吸入水头不足；入口管浸没深度不够；泵壳密封垫损坏等。

处理方法：检查现有净压头；清除管线障碍物；检查入口管线是否有气穴或空气泄漏；更换填料和润滑油；增大吸入水头；检查密封垫并按要求更换。

3. 功率消耗过大

产生原因：转速太高；主轴弯曲或主轴与电机主轴不同心或不平行；选用型号扬程不合适；吸入堵塞物；电机滚珠轴承损坏等。

处理方法：检查电路电压，降低转速；矫正主轴或调整水泵与电机的相对位置；选用扬程合适的型号；清理堵塞物；更换电机的滚珠轴承。

4. 泵体剧烈振动或产生噪音

产生原因：安装不牢或水泵安装过高；电机滚珠轴承损坏；主轴弯曲或与电机主轴不同心、不平行等。

处理方法：装稳水泵或降低安装高度；更换电机滚珠轴承；矫正弯曲的主轴或调整好水泵与电机的相对位置。

5. 水泵不出水

产生原因：泵体和吸水管没灌满引水；动水位低于水泵滤水管；吸水管破裂等。

处理方法：排除底阀故障，灌满引水；降低水泵的安装位置，使滤水管在动水位之下，或等动水位高过滤水管再抽水；修补或更换吸水管。

6. 传动轴或电机轴承过热

产生原因：缺少润滑油或轴承破裂等。

处理方法：加注润滑油或更换轴承。

5.2.2 水泵保养

为了保证水泵的正常使用和寿命，应该进行定期检查和保养。

（1）泵组要安装牢靠，作业时不可有明显的震动或晃动。若水泵抽水时有异响，或轴承烫手（温度高于 60℃）以及泵轴密封处渗水大于 60 滴/min 时，应查明原因，及时排除故障。

（2）不能抽含沙量太大的水，以免叶轮、口环和轴等处过早磨坏。避免缺水运行，缺水运行会损坏水封，易出现水泵漏水，甚至不出水的现象。

（3）日常拧动的螺丝应用合适的扳手，合理地扭矩拆装，不要用手钳拧，以防丝扣或螺帽滑扣；放水螺丝如不常用易锈死，使用新水泵后，先把放水堵拧下，在丝扣上涂些机油或白铅油，以后每年换两三次新油，其余螺丝，可在上面抹些润滑油或定期用油布擦拭防锈。

（4）检查水泵的叶轮是否有裂痕或小孔，若整体损坏过可以更换，局部损坏可进行焊补，也可以用环氧树脂砂浆修补叶轮，修复后的叶轮一般应进行静平衡试验，检查叶轮减磨环处间隙，如超过规定值，应修理或更换。

（5）用机油润滑的水泵，每月应至少更换一次润滑油；用黄油润滑的每半年至少换一次。水泵用钙基润滑脂，电动机用钠基润滑脂，不可用错，因钠基润滑脂亲水，在水泵上遇水会乳化成泡沫消散，而钙基润滑脂忌高温，用在电动机上，温度升高后易化掉。

（6）严冬使用后排尽泵内的水。排灌季节结束后，随即认真清洗、检查水泵，发现有损坏或变形不可继续使用的零件应及时修好或更换，应润滑的部位加注合适的油料；水泵如长期不用，应包装好放干燥处保存。

（7）水泵长期不用时，应清洗并吊起置于通风干燥处，注意防冻。若置于水中，每 15 天至少运转 30min（不能干磨），以检查其功能和适应性。

5.2.3 泵房完好标准

（1）设备状况好。

1）室内所有设备都完好，各项运行参数在允许范围内，主体完整，附件完全，无脏、漏、松、缺现象。

2）室内设备，如管路、闸门、电力线路、仪表等安装合理，横平竖直，成行成线。

（2）维护保养好。

1）认真执行岗位责任制和设备维护、保养等规章制度。

2）维修工具、安全设施、消防器具等整洁、灵活、好用，置放整齐。

（3）建筑结构合理，室内规整，卫生好。

1）水厂建筑设计先进，施工优良，设备布局合理。

2）室内四壁、顶棚、地面、仪表前后清洁整齐，门窗玻璃明亮无损。

3）设备见本色，轴见光，沟见底，室内物品放置有序。

4）资料齐全保管好，各种规章制度齐全，运行记录、交换班日记、水质化验记录清晰。

5.3　机电设备

机电设备是泵房的重要组成部分，由各类泵组件、变压设备及电线电缆等部分组成。在运行管理上，应制定相关规章制度，达到以制度管人，确保安全运行。另外，制定相关供水生产管理办法，在"安全生产、能源节约、提水量"等方面进行考核。

5.4　进出水池

5.4.1　进水池

（1）进水池布置应满足水流顺畅、流速均匀、池内不得产生涡流的要求，宜采用正向进水方式。正向进水的前池，扩散角不应大于 40°，低坡不宜陡于1：4。

（2）侧向进水的前池，宜设分水导流设施，并应通过水工模型的试验验证。

（3）在进水道首部应设进水闸及拦污设施，也可设水力排沙设施。设有沉沙池的泵站，出池泥沙允许粒径不宜大于 0.05mm。

（4）梯级泵站前池顶高可根据上、下级泵站流量匹配的要求，在最高运行水位以上预留调节高度确定。

（5）泵站进水池的布置形式应根据地基、流态、含沙量、泵型及机组台数等因素，经技术经济比较确定，可选用开敞式、半隔墩式、全隔墩式矩形池或圆形池。多泥沙河流上宜选用圆形池，每池供一台或两台水泵抽水。

（6）进水池设计应使池内流态良好，满足水泵进水要求，且便于清淤和管理维护。其尺寸的确定应符合规范要求。

（7）进水池的水体容积可按共用该进水池的水泵 30～50 倍设计流量确定。

（8）多级泵站应在前池或引渠末段设事故停机泄水设施。

5.4.2 出水池

（1）池内水流顺畅、稳定，水力损失小。

（2）出水池若建在膨胀土或湿陷性地基上，应进行地基处理。

（3）出水池底宽若大于渠道底宽，应设渐变段连接，渐变段的收缩角不宜大于 40°。

（4）出水池池中流速不应超过 2.0m/s，且不应出现水跃。

第 6 章

输 配 水 设 施

6.1 概述

农村供水工程中的输配水管网是指保证输水到给水区内并且配水到所有用户的全部设施。它包括输水管道、配水管网、泵站、水塔和水池等。对输配水管网设计的总要求是供给用户所需的水量，保证配水管网足够的水压，保证不间断给水。

输水管道是指从取水构筑物送原水至净水厂的管道，可分为重力输水和加压输水，主要特点为输水流量沿程不发生变化，输水距离不一。

配水管网是指从水厂或调节构筑物直接向用户分配水的管道，其主要特点是沿程随用户取用水管道流量和水压而发生变化，要通过工程、技术和管理措施保证用户对水量、水压的要求。配水管网可分为树枝状、环状、环枝结合状三种形式。

输配水管网管理的对象：一是输配水管网；二是管道上的附属设备与设施，如闸阀、空气（进排气）阀、止回阀、减压阀、泄水阀、消火栓、公用水栓、计量装置（水表）等设备，以及附属构筑物。

6.2 管道（网）的运行管理

6.2.1 管道巡查

管道维护人员应按要求定期（每周 1～2 次）对管线巡查，及时发现不安全因素并采取措施，保证安全供水。

1. 巡查工作内容

巡查管线上是否有未经批准的新建建筑物或重物堆放，防止管线被违法圈占、造成超出设计承载力的重压。与供水范围内所有施工单位协调配合，确定建筑物与给水管道的安全合理距离。重点巡查施工开槽对管线安全的影响，防止挖坏水管。

注意有无在管线地表取土，或阀门井、消火栓等附属设施被土埋没的现象，有无地面塌陷或阀门井出现缺损；重点巡查地表明露管线，雨后应及时检查过河明管有无挂草、阻碍水流或损坏管道现象；检查架空水管基础桩、墩有无下沉、腐朽、开裂现象；吊挂在桥上的管道，应检查吊件有无松动、锈蚀等现象；在寒冷地区，每年9月底以前，需普查明露管道保温层有无破损现象；穿越铁路、高速公路或其他建筑物的管沟，凡设检查井的要定期开盖入内检查；检查有无私自接管现象。

2. 巡查记录与考核

巡查人员，应按规定做好记录，认真填写工作日志，包括记录巡查情况、发现的问题和处理措施，以此为据进行考核，并作为基础资料归档。

6.2.2　管道检漏

1. 检漏工作的重要性

管道输水过程中水的漏损是水厂运行中普遍存在的一个大问题，尤其对于投产运行时间较长的水厂。水量的损失不仅是经济损失，而且还会带来一系列次生灾害，如地面塌陷、房屋受损和农田盐碱化等。做好检漏工作，采取防漏措施，可节约水资源、降低成本、改善服务质量、保护环境。

2. 检漏工作的要求

（1）人员上岗条件：责任心强，有良好的听力，有一定文化水平，有较强的判断分析能力，工作有耐心，培训实习后持证上岗。

（2）常用仪器：农村适宜选择价廉、方便、效果良好的仪器，如木制听漏棒、听漏饼机等。

（3）工作组织：分区分片，两人一组，专人专片，每个季度检测一次，夜间进行，检漏人员要参与管道维修。

3. 检漏方法

（1）被动检漏法。发现漏水溢出地面再去检修或当巡查发现局部地面下沉、泥土变湿、杂草茂盛、降雪先融或下水井、电缆井等有水流入而附近有给水管道时，说明有漏水可能，应仔细查找漏水点，或开挖覆盖土层查找。

（2）听音检漏法。用木制听漏棒或听漏饼听测地面下管道漏水的声音，从而找出漏水地点。水从漏水小孔喷出的声音频率居高（为 500～800Hz），水从漏水大口喷出的声音频率居中（100～250Hz）。

（3）区域装表测量法。此法对供水范围较小的农村给水系统最为适用。干管或入村管上安装水表（总表），对总表与区内户表同日抄记，二者差值为漏出水量；可在表前、表后和干管处分别检漏。

6.2.3 闸阀的运行、保养与维修

1. 闸阀的运行操作

（1）一般管网中闸阀只能全开或全关作启闭用，只有蝶阀可在允许范围内部分开启，作为调节流量、水压使用。

（2）管网中需同时关闭多个闸阀时，应先关闭水压高一侧的阀门；需同时开启多个闸阀时，应先开启水压低一侧的阀门。

（3）闸阀启闭应缓慢操作，记住转动圈数，注意阀门柄指示针指向位置。

（4）寒冷地区定时供水时，冬季停水后应及时打开泄水阀放空。

2. 闸阀保养

（1）闸阀保养频率见表 6-1。

表 6-1   闸 阀 保 养 频 率

闸阀位置	保养次数	保养内容与要求
输配水干管上	1～2 年 1 次	闸阀启闭操作自如，无卡阻，无漏水；除锈刷漆
配水支管上	2～3 年 1 次	
经常浸泡在水中	每年不少于 2 次	

（2）空气（进排气）阀。至少 1～2 个月检查一次工作情况，检查浮球升降是否正常，有无粘连、漏水、锈蚀现象：每 1～2 年应解体清洗、维修一次。

（3）减压阀。经常检查上、下游水压，有无振动情况，定期拆开阀体，检查磨损情况。

（4）泄水阀。定期开启，排水冲洗。

（5）消火栓。定期检查消火栓阀，使其保持启闭灵活状态。

3. 闸阀的故障及维修

（1）阀杆密封填料磨损漏水，可拧紧压盖螺栓止漏，必要时应关闭闸阀，更换密封填料。

（2）阀门关不严，应拆开阀体，消除杂物或更换阀门。

（3）阀杆折断，是由扭矩超负荷所致，需要更换。

（4）阀杆顶端方棱磨圆、松动，可加焊打磨或更换。

（5）阀板与阀杆脱落，应解体并更换零件。

6.2.4　管道的冲洗与消毒

（1）更新安装的管道试压合格后，在竣工验收前应进行冲洗消毒。

（2）冲洗水应清洁，浊度应在 10NTU 以下，流速不得小于 1m/s，连续冲洗，直至出水口水的浊度、色度与入水口进水相当为止；冲洗时应保持排水顺畅。

（3）冲洗后应使用氯离子含量 20～50mg/L 的消毒水浸泡管道 24h。若以漂白粉配制，可用 1kg 漂白粉（含 250～280g 有效氯）加 $10m^3$ 清洁水的消毒水浸泡，然后再次冲洗，直到水质化验合格为止。

6.3　损坏管道的修复

输配水管道破损是影响正常供水的常见问题，应确定位置及破损程度，分析原因并及时修复。

6.3.1　管道损坏现象及其原因

管道损坏主要表现为折断、开裂、爆管、接头漏水、锈蚀、堵塞等，可从以下几个方面分析原因：管材与接口质量问题；施工与安装时硬伤留下的隐患；由于操作不当引起水压过高而产生的水锤作用；静压超过管道允许压力而产生的破坏；气温急剧下降产生的冻害；外部荷载过重、地面下沉、外界施工等造成的破坏。

6.3.2　管道修复

农村水厂给水管道发现损坏后，条件允许时，可全部或局部停水修复，按照管道施工与安装方法更换损坏的管材或管件；条件不允许暂停供水的工程，宜采用不停水修补。

　1．钢管的修理

漏水较少时，可用内衬胶皮的卡子把漏水孔堵住，锈蚀严重时需更换新管。焊缝漏水口先用凿子将漏水处焊缝捻实，如仍止不住漏，就需补焊。法兰漏水，可采取紧螺栓、换胶垫等方法修理。

　2．铸铁管的修理

对于纵向裂缝，应先在裂缝两端钻 6～13mm 的小孔，防止裂缝扩大延伸，然后用两合揣袖打口修理，或用二合包管箍拧紧螺栓密封止水。铸铁管上的砂眼或锈孔漏水，可上卡箍止漏。承插口漏水，如是胶圈接口，可将两端抬起拉开，更换胶圈；如为铅口，可把铅往里捻打或补打铅条；如为石棉水泥接口，可将接口内石棉剔除，分段随剔随补。

3. 塑料管的修理

(1) 停水修理。当农村水厂允许暂停供水时，可关闭总阀，停泵，停止全系统供水后，打开泄水阀，放掉管道内的存水进行停水维修。也可在检查确定损坏部位后，关闭其上游检修阀，停止损坏部位及下游管道供水，进行部分停水维修；修理时应视管道损坏的严重程度采取相应的工程技术措施。

1) 更换新管段。直管段损坏严重时，应切除损坏的管段，更换一段新管，更换新管时，可采用以下方法与原管道连接：

第一种方法是套筒式活接头连接。具体步骤是先量出损坏管道长度，并在两端画好切割线，再用细齿锯条沿线锯断，切割时切割面要平直，不可斜切；然后将管子内、外表面切口锉平，插入式接口端应削倒角，倒角一般为 $15°$，倒角坡口成形后的管端厚度一般为管壁厚度的 $1/3\sim1/2$；然后插入准备好的相同长度的管子。插入管与原管道两端可采用套筒式活接头或生产厂家制造的专用连接配件与管道柔性连接，这类管件一般可先套在连接处管端，待新换管段就位后，将其平移到位，进行连接。

第二种方法是黏接。具体步骤是：首先根据更换损坏管段的长度，加上两端承口的插入操作长度，准备两端带承口的插入管道挡袖，在原管道插口的两端分别用铅笔划出将插入的承口操作长度（表 6-2）；其次，将管端插口外侧和承口内侧擦拭干净，使黏接面清洁，无泥土、沙尘、油污或水迹，如果表面有油污，必须用棉纱蘸丙酮等清洁剂擦净；第三步，黏接前，必须将承插口试插一次，将插口端轻插入承口，确认插入深度及松紧程度符合要求；第四步，涂抹黏接剂，先涂承口内侧，后涂插口外侧，涂抹承口内侧时宜顺轴向由里向外抹涂均匀、适量，不得漏涂或涂抹过量，插口只涂划线以内的外表面；第五步，涂抹黏接剂后，应迅速找正方向，对准轴线，把管端插入承口，边插入，边转动，并用力推挤至所画标线，然后继续用力摁压，口径小的管道（$DN\leqslant50mm$）摁压时间不小于 30s，较大口径管道（$DN>50mm$）不小于 60s；第六步，插接完毕后应及时将接头外挤出的黏接剂擦拭干净，并避免让连接管段受力或强行加载，静止固化时间应不少于表 6-3 的规定。

2) 更换管件。管道上的弯头、三通等管件损坏时需更换新管件，更换时应切除管件及其连接的直管段（每端直管段切除的长度不宜小于 0.5m）；取出带连接直管段的损坏管件，将新管件先连接上相同长度的直管段，整体放入沟槽内，再在直管段之间用套筒式活接头等方法连接即可。

表 6－2	承　口　操　作　长　度							
管道公称外径 DN /mm	25	40	50	75	90	110	160	200
承口操作长度 /mm	40	55	63	72	84	102	150	180

表 6－3	静　止　固　化　时　间	
DN/mm	静止固化时间	
	黏接时环境温度 18～40℃	黏接时环境温度 5～18℃
≤50	20	30
>50	45	60

3）局部修理。管道接头渗水或管身有小孔、环向或纵向裂缝，均可采用二合包承口管箍或二合包管箍，用螺栓拧紧密封。管箍长度应比破损管段长度长 0.3m，内垫密封胶垫厚 3mm 即可。轻微渗漏的 UPVC 管道和管件破损不太严重、未影响结构安全时，可采用焊条焊接修补，焊补时必须保持焊接部位干燥，且环境温度不得低于 5℃。

（2）不停水修理。塑料管不停水修理，目前主要采用二合包管箍修理。挖开埋土，找出渗水、漏水或出现裂缝的损坏部位后，在损坏部分外部包上垫有厚 3mm 密封胶垫的二合包拼装式管箍，拧紧螺栓，密封止水；管箍长度需比破损长度长 0.3m 以上。二合包拼装式管箍的形式及长度有一定规格，可用于直管及接头部位的维修，但对弯管、三通等管件部位难以应用，因此，不停水修理只能在能供应拼装式管箍产品的条件下采用。

6.4　管网上接装新用水户

为新报装的用水户接装入户管道，是水厂运行管理的经常工作之一。在农村一般可停水安装，必要时亦可不停水作业。

6.4.1　停水安装

通常可采取分区停水、短时避高峰停水的办法进行施工。

（1）截管加三通。小口径金属管上接支管时，按需要定位截去长度为三通、活箍、对丝长度合计的原管道管段，在原管两端套丝，然后装上三通、对丝，最后用活箍与原管接通。小口径塑料管上接支管时，可采用金属管件或塑料管件，采用与金属管相同的方法操作，亦可用事先准备好的带承口的三通，截断原管（长度不包括承口长度），将原管擦干净，做导角，抹上黏接剂后插入承口中。

（2）钻孔接支管。在大口径管道（DN≥75mm）上接支管，需在原管上钻孔，孔径≤1/2管外径（孔距≥7倍管径），有条件时可将支管焊上，无法焊接时，可将预先制好的止水栓、分水安装在原管上连接支管。管道弯曲段和弯头处不得开孔安装支管。

6.4.2　不停水安装

（1）小口径管道（DN≤25mm）接三通。截断原管，用木塞堵住管端后套丝，安装三通时拔下木塞带水作业。

（2）大口径管道（DN≥75mm）接支管。先定位，在原管上安装带支管的特制卡子，把水钻装在卡子上，搬动手柄，压下钻杆，把管壁钻透即可。如有条件，宜采用专用设备，在原管上装可打孔和连接支管的立式止水栓。先清理开孔部位管道，擦洗干净，牢固装上立式止水栓，用配套钻钻孔，孔径比支管直径小2mm，钻孔完成后退至原位；及时关闭止水栓上的阀门，再安装支管。

6.5　调节构筑物

为满足供水系统的制水和供水区的逐时用水量变化，在农村水厂供水系统中设置调节构筑物十分必要。调节构筑物除了平衡供水与用水的负荷变化外，另一重要作用是满足消毒接触时间的需要。农村水厂供水系统中的调节构筑物主要有清水池、高位水池和水塔。清水池与高位水池的建造形式相同，只是相对高度不同，运行管理的任务与要求基本相同。

6.5.1　清水池

6.5.1.1　清水池的构造

清水池（图6-1）常用钢筋混凝土、预应力钢筋混凝土或砖、石建造，其中尤以钢筋混凝土水池使用较广。清水池的主要附属设施有进水管、出水管、溢流管、透气孔、检修孔、导流墙等。清水池的形状可以是圆形，也可以是方形、矩形。

6.5.1.2　清水池的运行与维护

1. 运行

（1）水池必须装设水位计，并应定时观测。经常检查水位显示装置，要求

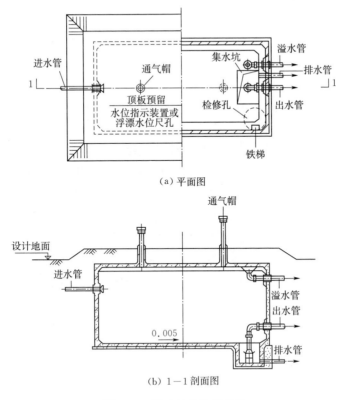

(a) 平面图

(b) 1—1剖面图

图 6-1　清水池结构示意图

显示清楚，灵活准确。水池严禁超越上限水位或下限水位运行，每个水池都应根据工程的具体情况，制定水池的允许水位上限和下限，超过上限易发生溢流，浪费水，低于下限则可能吸出池底沉泥，影响出厂水质，甚至会因抽空水池而使系统断水。

（2）定期检查水池的进、出水管及闸门，要求管道通畅，无渗漏，闸门启闭灵活，螺栓、螺母齐全且无锈蚀。

（3）水池顶上不得堆放可能污染水质的物品和杂物，也不得堆放重物。水池顶上种植植物时，严禁施用各种肥料和农药。

（4）水池的检查孔、通气孔、溢流管都应有卫生防护措施，以防昆虫、动物等进入水池、污染水质。水池顶部应高于池周围地面，至少溢流口不会受到池外水流入的威胁。

（5）水池的排空管、溢流管严禁直接与下水道连通。排水出路应妥善安排，不得给周围村庄或农田造成不良影响。水池应定期排空清洗，清洗完毕经消毒合格后方可再蓄水运行。

（6）汛期应保持水池四周排水出路通畅，防止雨洪或污水污染池内水质。

（7）经常检查水池的覆土与护坡，保证覆土厚度。定期检查避雷装置，要求完整良好，保证运行安全。

2. 保养与维护

（1）定期清理溢流口、排水口，保持清水池的环境整洁。定期对水位计进行检查，给滑轮上油，保证水位计的灵活、准确。电传水位计应根据规定的检定周期进行检定；机械传动水位计宜每年校对和检修一次。

（2）每1～3年刷洗一次水池。刷洗前池内下限水位以上的水可以继续供入管网，至下限水位时应停止向管网供水，下限水位以下的水应从排空阀排出池外。

（3）水池刷洗后应进行消毒处理，合格后方可蓄水运行。

（4）地下清水池所在地的地下水水位较高时，如设计中未考虑排空抗浮，清洗时应采取相应降低地下水水位的措施，防止清水池在刷洗过程中因地下水上浮力造成的移位损坏。

（5）应每月对阀门检修一次；每季度对长期开或长期关的阀门活动操作一次并检修一次水位计。水池顶和周围的草地、绿化地应定期修剪，保持整洁美观。每1～3年对水池内壁、池底、池顶、通气孔、水位计、爬梯、水池伸缩缝检查修理一次，阀门解体修理一次，金属件油漆一次。每5年将闸阀阀体解体，更换易损部件，对池底、池顶、池壁、伸缩缝进行全面检查，修补裂缝等损坏的部位；更换各种老化的损坏管件。

（6）水池大修后，必须进行清水池满水渗漏试验，渗水量应按设计上限水位（满水水位）以下浸润的池壁和池底的总面积计算，钢筋混凝土水池渗水量每平方米每天不得超过2L，砖石砌体水池不得超过3L。在满水试验时，应对水池地上部分进行外观检查，发现漏水、渗水及时进行修补。

6.5.2　水塔

6.5.2.1　水塔的构造

水塔由水箱（柜）、塔体、管道和基础四部分组成。可用钢筋混凝土或砖建造。

水塔水箱（柜）的形状有平底式、球底式、圆筒球穹式和倒锥壳式等。钢筋混凝土水塔结构见图6-2。

6.5.2.2　水塔的运行与维护

1. 运行

水塔水箱必须装设水位计。水位计可与水泵组成自动上水、停启水泵系统，自动运行；机械式水位计应随时观察水位，及时开停水泵，保持水箱的一定水位，防止放空，防止出水管道进气；严禁超上限和下限水位运行。水箱应定期排空刷洗；经常检查水塔所有阀门的灵敏度和进、出水管及溢流管、排水管有无渗漏；保持水塔周围环境整洁。

2. 保养与维护

（1）定期对水位计进行检查校准；对水塔底部一定范围内的环境进行清扫整理，保持环境卫生；及时修复或更换破损、渗漏的水塔管道，修复渗漏水的管道法兰盘。

（2）每1～2年刷洗水箱一次，水箱刷洗后恢复运行前，应对水箱进行消毒；每月对水塔各种闸阀检查、活动操作一次；每年雨季前检查一次避雷装置，重点是接地电阻；汛后检查水塔基础是否被雨水冲刷，严重时应及时采取补救措施；入冬前检查水箱保温措施执行情况。

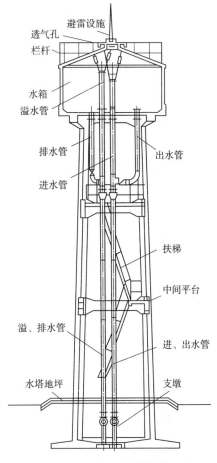

图6-2　钢筋混凝土水塔结构示意图

（3）每年检查水塔建筑、照明系统、栏杆、爬梯一次，发现问题及时修理；金属件每年刷漆一次。

6.5.3　高位水池

高位水池是农村供水系统中的主要构筑物之一，用于储水和配水，以保持和调节给水管网中的水量和水压，它的作用和工作过程与水塔一样。高位水池是为储存水厂中净化后的清水，以调节水厂产水量与供水量之间差额，并为满足加氯接触时间而设置的水池。高位水池具有高峰供水、低峰储水的功能。为满足保温及地下水对高位水池的浮力，高水池上面可覆盖土层，其厚度通常为0.5～1.0m。

6.5.3.1　高位水池运行管理要求

（1）在池中应装设水位浮标尺或水位传示仪，以观察高位水池内的水位，严禁超上限或超下限水位运行。

（2）池顶部不得堆放污染水质的物品和杂物，种植植物时，严禁施用肥料和喷洒农药。

（3）检测孔、通气孔和进人孔应有防护措施，严禁异物侵入，以防水质发生污染。

（4）经常检查水池上面的覆土情况，防止水土流失，影响保温或水位过高而浮起。

（5）对水池清刷时，应安装临时泵，清刷用水应排至下水道，并防止泥沙堵塞。

（6）汛期应保证高位水池四周的排水畅通，防止污水倒流和渗漏。

6.5.3.2　高位水池日常维护项目

（1）定期检查水位计。保持水位测量装置完好，工作灵活，能准确无误地显示水位。电传水位计应根据其规定的检定周期进行检定。机械传动水位计宜每年进行校对和检修一次。

（2）定期检修进出水管路、阀门及附属设施，使之无损伤和漏水现象，以确保正常运行。

（3）定期放空进行清刷。水池存水及清刷用水应排至下水道。在清刷水池恢复运行前，应进行消毒。对于地下水位较高的地区，地下高位水池设计中未考虑排空抗浮时，清刷前必须采取降低高位水池四周地下水位的措施，防止高位水池清刷过程的浮起。

（4）定期对水池内壁、池底、池顶、伸缩缝、通气孔等检查修理一次，并应解体修理阀门、油漆铁件一次。

6.5.3.3　高位水池大修理项目

高位水池应每 5 年进行一次大修，将阀门解体，更换易损部件，对池底、池顶、池壁、伸缩缝进行全面检查修理。大修后，必须进行满水试验，渗水量按设计水位下浸润的池壁和池底总面积计算，钢筋混凝土水池不得超过 $2L/(m^2 \cdot d)$，砖石砌体水池不得超过 $3L/(m^2 \cdot d)$。在满水试验时，地上部分应进行外观检查，发生漏水、渗水时，必须修补。

6.5.4　压力罐

压力罐是利用封闭在受压容器内空气的可压缩性进行贮存和调节水量的装

置，是一个密闭受压容器。

罐体内外表面均应除锈，外面先涂两层防锈漆，再涂灰色或银灰色漆。罐内涂料应是无毒无污染的涂料，对于饮用水容器，内壁应涂两层环氧涂料。

压力罐进水管与水泵出水管相连接，出水管则与供水管路连接，罐顶有压力表（电触点压力表）。若采用排空方法补气，罐顶应装有进气阀，罐底应设排水阀，以排除罐内的沉积物。罐径大于1m的罐体，为检修方便，应设置检修孔，同时还应安装安全阀及水位计。

6.5.5 附属设施

6.5.5.1 阀门井

为便于操作和维护，输配水管道上的各种附件，一般应设在专用地下井内，如阀门井、消火栓井、排气阀井、放水井等。为降低造价，配件和附件应布置紧凑。井的平面尺寸，取决于水管直径以及附件的种类和数量。但应满足阀门操作和安装拆卸各种附件所需的最小尺寸。井的深度由水管埋设深度确定。阀门井一般用砖砌，也可用石砌或钢筋混凝土建造。地下井的形式根据所安装的附件类型、大小和路面材料而定。

6.5.5.2 支墩

承插式接口的管线，在转弯处、三通处、水管尽端的盖板上以及缩管处，都会产生拉力，接口可能因此松动脱节而使管道漏水，因此在这些部位应设置支墩以承受拉力和防止事故。但当管径小于300mm或转弯角度小于10°，且所承受的水压力不超过980kPa时，因接口本身足以承受拉力，可不设支墩。

6.5.5.3 管线穿越障碍物

给水管道在穿越各种障碍物如铁路、公路、河道和深谷时，必须采取一定的措施。管线穿越铁路或公路时，其穿越地点、方式和施工方法，应满足有关技术规范要求。根据其重要性，可采取以下措施：穿越临时铁路或一般公路，或非主要路线且水管埋设较深时，可不设套管，但应尽量将铸铁管接口放在轨道中间，并用青铅接口，钢管则应有防腐措施；穿越重要的铁路或交通频繁的公路时，水管应放在钢筋混凝土套管内，套管直径根据施工方法而定，大开挖施工时，应比给水管直径大300mm，顶管法施工时应比给水管的直径大600mm。穿越铁路或公路时，水管管顶应在铁路路轨底或公路路面以下1.2m左右。管道穿越铁路时，两端应设检查井，井内设阀门或排水管等。

管线穿越河川山谷时，可利用现有桥梁架设水管，或敷设倒虹管，或建造水管桥。给水管架设在现有桥梁下穿越河流最为经济，施工和检修比较方便，通常水管架在桥梁的人行道下。

　　倒虹管从河底穿越，其优点是隐蔽，不影响航运，但施工和检修不便。倒虹管一般用钢管，并应加强防腐措施。当管径小、距离短时可用铸铁管，但应采用柔性接口。倒虹管设置一条或两条，在两岸应设阀门井。阀门井顶部标高应保证洪水时不致淹没。井内有阀门和排水管。倒虹管顶在河床下的深度，一般不小于 0.5m，但在航道线范围内不应小于 1m。倒虹管应选择在地质条件较好，河床及河岸不受或少受冲刷处。

　　大口径水管由于质量大，架设在桥下有困难时，或当地无现成桥梁可利用时，可建专用水管桥，架空跨越河道。水管桥应有适当高度以免影响航运。架空管一般用钢管或铸铁管。在过桥水管或水管桥的最高点，应安装排气阀，并且在桥管两端设置伸缩接头。在冰冻地区应有适当的防冻措施。钢管过河时，本身也可作为承重结构，成为拱管，施工简便，并可节省架桥所需的支撑材料。拱管在两岸有支座，以承受作用在拱管上的各种作用力。

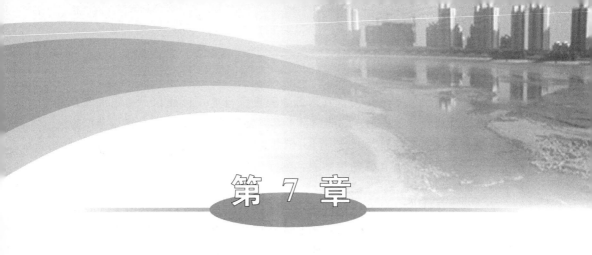

第 7 章

净 水 设 施

7.1 概述

农村供水工程水处理的对象主要是天然淡水。水处理的目的是去除或降低原水中的悬浮物质、胶体、有害细菌、病毒以及溶解于水中的对人体健康有害的物质，使处理后的水质达到《生活饮用水卫生标准》（GB 5749—2006）的要求。

7.2 加药与混凝设施

水的混凝处理是将化学药剂加入待处理的水中，使水中悬浮物质的细小颗粒凝聚或絮凝成大的可沉降絮体，以便通过后续的沉淀、澄清和过滤进行去除的工艺过程。其去除的对象主要为胶体颗粒，如黏土颗粒、细菌、硅胶、腐殖质等，并能改善由它们所引起的水体浑浊、颜色和臭味等。

7.2.1 常用药剂

7.2.1.1 混凝剂

混凝剂是为使胶体失去稳定性和脱稳胶体相互聚集所加的药剂。目前使用的混凝剂主要是铝盐和铁盐。其中，农村供水工程中常用的有聚合氯化铝和三氯化铁。

（1）聚合氯化铝，又名碱式氯化铝，是一种高分子无机化合物，聚合氯化铝固体呈无色至黄色树脂状，易潮解，易溶于水并发生水解，溶液呈无色至黄褐色。聚合氯化铝分子量较大,其絮凝体较致密且大,形成快,易于沉降,混凝效果好,且混凝过程中消耗的药剂量少,腐蚀性较小,适应的 pH 值范围宽且稳定。聚合氯化铝本身是无毒的,但由于其生产原料来源复杂,生产工艺各异,有些原料可能含有少量有害的重金属,购买时应选用符合生活饮用水净水工艺卫生要求的产品。

(2)三氯化铁,由盐酸与铁屑作用生成二氯化铁溶液,再利用氯气氯化制成。固体三氯化铁为黑棕色晶体,多制成药片状,吸水性强且易溶于水。三氯化铁混凝效果受温度影响小,絮体较密实,适用的原水 pH 值为 6.0~8.4。但三氯化铁腐蚀性强,不仅腐蚀金属,对混凝土也有较强腐蚀性,使用中应注意采取防腐蚀措施。

(3)硫酸铝,常用的是 $Al_2(SO_4)_3 \cdot 18H_2O$,外观为白色,易溶于水,水溶液呈酸性,室温时溶解度大致为 50%,沸水中溶解度可达 90% 以上。硫酸铝使用便利,混凝效果较好,不会对处理后的水质造成不良影响。但水温低时硫酸铝水解作用缓慢,形成的絮体较松散。

(4)硫酸亚铁,半透明绿色结晶体,易溶于水,絮体形成较快,较稳定,沉淀时间短,但腐蚀性较强。硫酸亚铁适用于碱度高、浊度高、pH 值为 8.1~9.6 的原水,不论在冬季或夏季使用都很稳定,混凝作用良好,但原水的色度较高时不宜采用。当 pH 值较低时,常使用氯来氧化,使二价铁氧化成三价铁。

(5)聚合硫酸铁,固体产品为淡黄色或浅灰色的树枝状颗粒,液体产品为红褐色或深红褐色的黏稠液。聚合硫酸铁投药剂量低,同等条件下的投药量仅为硫酸亚铁的 60%~70%,且在投药量偏高时不会影响水的色度,使用时无需控制溶液的 pH 值。

7.2.1.2　助凝剂

采用助凝剂的目的是改善絮凝结构,加速沉降,提高出水水质,对低温低浊度或高浊度水的处理作用更为明显。运行管理中是否采用助凝剂及选用何种助凝剂应通过试验确定,当缺乏试验条件或类似水源已有成熟的水处理经验时,可根据相似条件借鉴选用。

农村供水工程常用的助凝剂为聚丙烯酰胺。聚丙烯酰胺(PAM)俗称三号,是由丙烯酰胺聚合而成的有机高分子聚合物,能溶于水,无腐蚀性。聚丙烯酰胺对水中的泥沙颗粒有较强的吸附和架桥作用,处理高浊度水效果较好,可单独使用,也可与混凝剂同时使用。当水中含沙量为 $10~15 kg/m^3$ 时,效果显著,既可保证水质,又可减少混凝剂使用量《生活饮用水卫生标准》(GB 5749—2006)规定,生活饮用水中丙烯酰胺单体含量应小于 $0.5 \mu g/L$,据此,聚丙烯酰胺溶液的投加浓度以越稀越好,一般为 0.1%~0.5%。

7.2.2　加药间

7.2.2.1　药剂存放管理

（1）储备量。药剂仓库的固定储备量应根据当地交通运输条件与药剂供应条件等确定，一般可按最大投药量储备 15～30 天的用量。

（2）药剂的堆放。固体药剂一般成袋码放，码放高度应根据操作条件，一般取 0.5～2.0m，堆放体之间要有 1.0m 左右的搬运通道。不同药剂应根据其特点和要求分类存放。药剂使用应遵循先存先用的原则。仓库应保持清洁、通风良好，以防止药剂受潮。

液体药剂一般用塑料桶装或坛装，可按桶或坛排列，中间应留有搬运通道。液体散装药剂应在药库内设寄到隔墙分开，隔墙高度在 2.0m 左右，分格设在药库的一侧或两侧，设在两侧时中间要留有通道。药库地坪应有 1%～3% 的坡度，中间设地沟，地坪水冲后沿地沟流至污水井。

7.2.2.2　加药间运行管理

（1）基本要求。加药是水厂各工种中劳动强度较大、环境较差的岗位，应加强卫生安全和劳动保护，设必要的劳动保护设施和良好的通风操作环境。配置药剂要穿戴工作服、胶皮手套等劳保用品，确保安全生产和工作人员的身体健康。凡与混凝剂接触的池内壁、管道和地坪，均应根据混凝剂性质采取相应的防腐措施。加药间的地坪应有排水坡度。

配药、投药操作间是水厂最难开展清洁卫生工作的场所，其卫生面貌最能代表水厂的运行管理水平，应健全并严格执行各项操作管理规章制度，严防药剂跑、冒、滴、漏，做好环境清洁卫生，发现问题及时处理。

（2）运行管理。

1）按规定的浓度配制混凝药液，计量投加。按时测定原水浊度、pH 值、沉淀池出水浊度，按浊度控制加药量。水质变化时，应及时调整加药量。操作人员应每天记录药剂用量、配制浓度和投加药剂运行记录。计量器具每年标定一次。

2）固体混凝剂加入溶药池后应进行充分搅拌溶解，均匀混合后再放入投药池加清水稀释成规定的浓度（不超过 5%）。药剂配好后继续搅拌 15min，再静置 30min 以上方可使用。

3）投药前对所用投药设备、管道、阀门、计量装置等进行全面检查，确保正常后方可按规定的顺序打开各有关控制阀门；加药后及时观察絮凝池矾花生成情况，未正常前不得离开工作岗位。

4）运行过程中，应做到在水厂出水量变化前调整加药量，在水质变差时增加投药量，防止断药事故。在水质频繁变差的季节，如洪水、台风、暴雨多发时，更应加强管理，确保在任何情况下正常运行，安全可靠，经济合理，确保出厂水水质达到《生活饮用水卫生标准》（GB 5749—2006）。

7.2.3　混凝沉淀烧杯试验

混凝沉淀过程中，原水碱度的当量浓度为铝离子的 2.5 倍时效果最佳，当水的碱度低，投加过量时，反而不利于絮凝，且可发生二次混凝沉淀，使水质再次浑浊。水中碱度低于 6mg/L 时，将无法克服水的腐蚀作用。因此，有必要进行混凝沉淀烧杯试验以正确选用混凝、助凝剂，并确定其投加量。

7.2.3.1　仪器

浊度仪、六联电动搅拌器（图 7-1）、pH 计、1000mL 量筒 2 个、1000mL 烧杯 6 个（依次编号）、10mL 移液管 5 个。

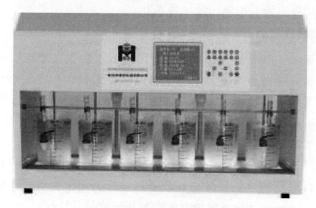

图 7-1　六联电动搅拌器

7.2.3.2　试剂

（1）聚合氯化铝、聚合氯化铝铁：10g/L（1％溶液）。

（2）三氯化铁 $FeCl_3 \cdot 6H_2O$：10g/L。

（3）盐酸 HCl：10％。

（4）氢氧化钠 NaOH：10％。

7.2.3.3　最佳混凝剂投加量实验

（1）测定原水浊度、pH 值、温度，向 1～6 号烧杯中分别注入 800mL 原水。

（2）向 1 号杯中加入 2mg 混凝剂，即 0.2mL 混凝剂溶液（1％水溶液，氧化铝 10mg/mL）。同样，向 2～6 号烧杯中分别加入 3～7mg 混凝剂。

（3）点击搅拌器的控制面板，弹出控制面板界面，依次设置转速（表7-1），并注意清零。

表7-1   搅 拌 机 转 速 表

强 度	转 速	时 间
高速搅拌	300r/min	1min
中速搅拌	150r/min	5min
低速搅拌	70r/min	10min

（4）搅拌过程中，观察并记录矾花形成的过程，外观、大小、密实程度等。

（5）搅拌过程完成后，停机，静沉10min，观察并记录矾花沉淀的过程。

（6）静沉结束后，分别取出100mL上清液，并分别用浊度仪测定浊度，填写混凝剂投加量记录表（表7-2）。

表7-2   混凝剂投加量记录表

原水浊度/NTU		pH值		水温/℃		
水样编号	1	2	3	4	5	6
混凝剂投加量/mL						
矾花形成时间/mm						
浊度/NTU						

（7）绘制浊度—混凝剂投加量曲线（图7-2）。

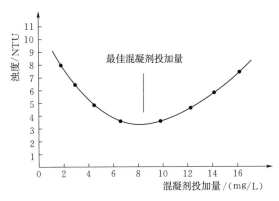

图7-2 浊度—混凝剂投加量曲线

（8）根据同样的方法确定三氯化铁或聚合氯化铝的最佳投药量。

7.2.3.4 最佳pH值测量实验

（1）倒空烧杯内液体，并清洗烧杯。向1～6号烧杯中分别加入800mL

原水。

（2）在 1～4 号烧杯中分别加入 30mL、20mL、10mL、1mL 盐酸，在 5～6 号烧杯中分别加入 10mL、20mL 氢氧化钠溶液。

（3）进行高速搅拌：设定搅拌时间为 1min，搅拌转速为 300r/min。1min 后，搅拌自动停止。

（4）在每个烧杯中加入最佳投量的混凝剂，约 5mg。

（5）点击搅拌器的控制面板，弹出控制面板界面，按表 7-2 依次设置，注意清零。

（6）静沉结束后，分别取出 100mL 上清液，并分别用浊度仪测出浊度。

（7）填写 pH 值记录表（表 7-3）。

表 7-3 　　　　　　　　　pH 值 记 录 表

水样编号	1	2	3	4	5	6
HCl（10%）/mL	30	20	10	1		
NaOH（10%）/mL					10	20
pH 值						
混凝剂投加量/mL						
浊度/NTU						

（8）绘制浊度—pH 值曲线（图 7-3）。

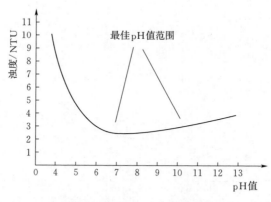

图 7-3　浊度—pH 值曲线

7.2.4　混凝剂配制与投加

7.2.4.1　配制方法

混凝剂宜采用湿投。配制时先将药剂倒入溶药池中，可采用机械搅拌、水力或压缩空气搅拌，规模不大的水厂也可采用人工搅拌。药剂溶解后，将药液加入投药池中，用水稀释成规定的浓度。规模不大的水厂也可将溶药池与投药池合并设置在一起。混凝剂配制与投加流程见图7-4。

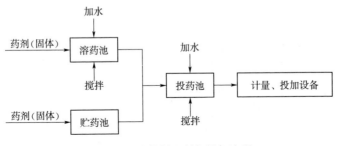

图7-4 混凝剂配制与投加流程

药剂配制浓度是指单位体积药液中所含药剂的重量，用百分比表示。如药剂配制浓度为10%，即指1000L溶液中有100kg的药剂。农村水厂配制药剂浓度一般为1%～5%。药剂的投加量应按相似条件下水厂的运行管理经验或者加药量试验确定。当原水水质变化较大时，应及时调整加药量，并积累运行经验。不同的溶药池容积在配制不同溶液浓度时一次需要投加药剂的用量见表7-4。

表7-4 不同配制浓度的药剂每次投加量 单位：kg

配制浓度/%	溶药池有效容积							
	0.1m³	0.2m³	0.5m³	1.0m³	2.0m³	3.0m³	4.0m³	5.0m³
1	1	2	5	10	20	30	40	50
2	2	4	10	20	40	60	80	100
5	5	10	25	50	100	150	200	250
10	10	20	50	100	200	300	400	500

混凝药剂溶液配制次数一般为一天一次或两天一次，药液放置时间不宜过长，否则会影响混凝效果。

7.2.4.2 投加量判断方法及影响因素

1. 投加量判断方法

在不同原水浊度多次试验基础上，绘制加药量图表。不同浊度的原水可以用水厂水源的底泥和原水进行配制，配制后的浊度、pH值、碱度、水温等和实际原水基本相似。对配制好的不同浊度的原水，分别采用优选法确定加药量，并根据一段时间生产实践检验，加以修正完善，形成正式指导生产的加药量曲线图，操作人员据此掌握不同原水浊度相应的加药量。

此外，混凝剂投药量是否合适还可通过观察絮凝池出口絮体来判断，具体要通过大量的实践摸索。对于农村供水工程来说，这种方法简便易行，判别方法见表 7-5。

表 7-5　混凝剂投加量判断

原水水质	现 象 观 察	投药量判别
浑浊度 200NTU 左右的原水	加入药剂后形成的絮体密集、细小而结实，在絮凝池进口明显可见，至出口处，水与絮体颗粒界限清楚，形成的泥水分离面清晰而透明，进入沉淀池后密集絮体与水分离	混凝剂投加量合适，运行正常
	絮体密度较低，在絮凝池出口处已出现泥水分离，进入絮凝池很快就沉淀	混凝剂投加过量
	虽然在絮凝池进口处能看到细小絮体，但在絮凝池后部和沉淀池进口处泥水分离现象不明显	混凝剂投量不够
浑浊度 50NTU 以下的原水	可见细小絮体类似小雪花片形状，密度小，颗粒轻而不结实，在絮凝池出口和沉淀出口处没有明显的泥水分离现象，水仍呈浑浊模糊状	混凝剂投量不够，当原水在 10NTU 以下时，见到絮体即可
	在絮凝池进口絮体不明显，到池中段和出口处才见雪花片状，进如沉淀池可见泥水分离现象	混凝剂投加适量且运行正常
	沉淀池出口处有大量絮体带出，并呈乳白色，出水浊度增加	混凝剂投加过量
原水浊度突然增高	如在絮凝池出口处絮体很小，沉淀池出口处表层水很清，1m 以下能看到浑水，说明沉淀池水质变坏	应迅速增加药剂投加量直至水质好转

2. 影响混凝剂投加量的因素

影响混凝剂投加量的因素很多，包括水中悬浮物、胶体颗粒含量与组成、pH 值、碱度、水温、色度等。

（1）浑浊度。混凝剂投加量与原水浑浊度直接相关，同时还与胶体颗粒组成、溶解性有机物与无机物的含量以及化学成分等有关；尤其是当水中的胶体颗粒粒径细小、有机物含量较高时，能使胶体吸附于颗粒表面，起到保护作用，混凝后形成的絮体细小，难以沉淀，这就需要增加混凝剂投加量。

（2）pH 值。混凝剂的水解产物直接受到水体 pH 值的影响。每一种混凝剂只有在其特定的 pH 值范围内才能形成氢氧化物，以胶体形态存在，从而发挥其混凝作用。因此，对于不同的混凝剂，原水 pH 值的影响程度也不相同。

（3）碱度。指水中能与强酸作用的物质含量，水中主要指碳酸氢根（HCO_3^-）、碳酸根（CO_3^{2-}）、氢氧根（OH^-）等。混凝剂投入水中后，由于水解作用，氢离子的数量会增加，若水中有一定的碱度可中和，pH 值就不会降低。当水中碱度较低时，影响水中投加石灰等碱性物质，以提高水的 pH 值，以免影响混凝效果。

（4）水温。水温影响无机盐类的水解。水温低时，水的活化能小，影响混凝剂的水解，氢氧化物胶体之间彼此碰撞机会也少；此时，水的黏度大，导致水中杂质颗粒布朗运动强度减弱，进一步减少了碰撞机会，不利于胶体颗粒的脱稳与凝聚；同时由于水黏度大，水流剪力增加，影响絮体生成。

（5）其他因素。混凝剂的品种、投药量、配制浓度、投药方式以及原水中有机物、溶解性盐类、藻类的数量等都会对混凝效果产生影响。因此，在实际运行操作过程中应细心观察，做好记录，积累数据和经验，掌握原水水质变化规律，准确掌握混凝剂的投加量，加强对絮凝池矾花生成情况的观察，以取得最佳混凝效果。

7.2.4.3　操作规程

1．工作要求

（1）按规定的浓度和时间配制混凝剂溶液。

（2）根据原水水质变化以及进水量大小和沉淀池出水水质的要求，正常调整和控制好投加量。

（3）提出混凝剂的使用计划，保管好库中混凝剂。

（4）维护管理各种投加设备，及时保养、检修、保持设备完好。

（5）做好各项原始记录，准确填写各项日报表。

（6）保持加药间的设备、仪器仪表清洁，环境卫生整洁。

2．巡回检查

应按规定的路线每 1～2h 进行一次，检查的内容有：

（1）溶液池的液位是否正常。

（2）加药设备、管线是否存在漏液现象。

（3）沉淀池进水区絮体是否正常。

（4）其他与生产有关的情况。

3．混凝剂配制

（1）固体混凝剂的配制：固体混凝剂溶解时应在溶药池内经机械或空气搅拌，使其充分混合、稀释，严格控制溶液的配比。药液配好后，继续搅拌 15min，并静置 30min 以上方能使用。溶液池需有备用，药剂的质量浓度宜控制在 1%～5%。溶解次数应根据混凝剂投加量和配置条件等因素确定，每日不宜超过 3 次。混凝剂投加量较大时，宜设机械运输设备或将固体溶解池设在地下。混凝剂投加量较小时，溶解池可兼做投药池。

（2）液体混凝剂的配制：原液可直接投加或按一定比例稀释后投加。

4．混凝剂投加

（1）各种形式的投加工艺，均应配置计量器具。计量器具应定期进行检定。

（2）混凝剂宜按流量比例自动投加，控制模式可根据各水厂条件自行决定。

（3）重力式投加，应在加药管的始端装设压力水吹扫装置。

（4）吸入与重力相结合式投加（泵前式投加），应符合以下规定：泵前加药，药管宜装在泵体吸口前 0.3～0.5m 处；高位罐中的药液进入转子流量计前，应安装恒压设施。

（5）当需要投加助凝剂时，应根据试验确定投加量和投加点。

5. 压力式投加（加药泵、计量泵）

（1）采用手动调节方式的，应根据絮凝、沉淀效果及时调节计量泵的冲程。

（2）定期清洗泵前过滤器和加药泵或计量泵的连接管道。

（3）更换药液前，必须清洗泵体和管道。

（4）计量泵的开停机操作严格按相应说明书进行。

7.2.5 加药设施

7.2.5.1 混合絮凝设施类型与适用条件

1. 混合设施

混合设施种类较多，常用的归纳起来有三类，即水泵混合、管式混合、机械混合。

（1）水泵混合。水泵混合是常用的混合方式之一。药剂投加在取水泵吸水管或吸水喇叭口处，利用水泵叶轮高速旋转产生的涡流达到快速混合的目的。水泵混合效果好，不需另建混合设施，节省动力。水泵混合适用于取水泵房靠近水厂净水构筑物的情况（两者间距不宜大于 120m）。

（2）管式静态混合器（图 7-5）。管式静态混合器内安装若干固定混合单元。每一混合单元由若干固定叶片按一定角度交叉组成。水流和药剂通过混合器时，被单元体多次分割、改变流向并形成涡旋，达到混合目的。它的优点是能较好地满足混合水流和药剂的要求，而且生产厂家较多，采购方便；缺点是当实际生产水量比设计生产能力小很多时，混合效果会明显下降。管式静态混合器适用于各种供水规模的农村水厂。

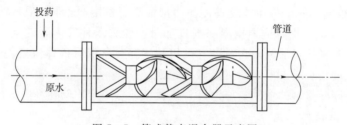

图 7-5 管式静态混合器示意图

（3）管式扩散混合器（图 7-6）。管式扩散混合器是在管式孔板混合器前加装一个锥形帽，水流和药剂对冲锥形帽而后扩散形成剧烈紊流，达到混合目的。它的优点是使水流和药剂快速、充分混合，较管式静态混合器混合效果更佳，并较好地克服了当实际生产水量比设计生产能力小时管式静态混合器混合效果较差的不足。管式扩散混合器适用于各种供水规模的农村水厂。

（4）机械混合池（图 7-7）。机械混合池是在池内安装搅拌装置，以电动机驱动搅拌器，使水和药剂混合。搅拌器可以是桨板式、螺旋式等。混合时间控制在 10~30s。机械混合池的优点是混合效果好，可根据进水量的变化调节搅拌器的转速，不受原水来水量变化影响，缺点是增加机械设备即相应增加维修工作量。机械混合池主要用于较大型的乡镇水厂。

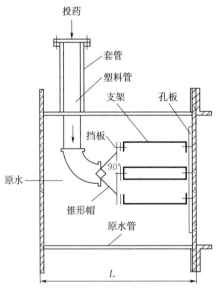

图 7-6 管式扩散混合器示意图

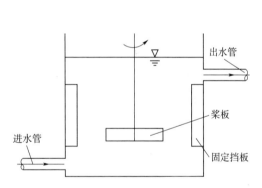

图 7-7 机械混合池示意图

2. 絮凝设施

絮凝设施的基本要求是，原水与药剂经混合后，通过絮凝设施形成肉眼可见的大而密实的絮凝体即矾花。絮凝池形式较多，农村水厂常用的絮凝池有穿孔旋流絮凝池、折板絮凝池和网格（栅条）絮凝池。

（1）穿孔旋流絮凝池（图 7-8）。

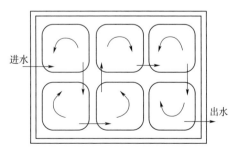

图 7-8 穿孔旋流絮凝池示意图

穿孔絮凝池属多级旋流反应的一种絮凝池，通常分成 6～12 个方格，方格四角抹圆，每格之间由上下对角交错的孔口相通，孔口断面积从第一格至最后一格逐渐加大，使流速逐渐变小。水由第一格底部沿切线方向经收窄的进水管口喷入而造成旋流。穿孔旋流絮凝池的优点是容积小、构造简单、水头损失较小、絮凝效果好；缺点是池体开挖较深，在地下水位较高的地方施工较不便。穿孔旋流絮凝池主要适用于规模不大的农村水厂。

（2）折板絮凝池（图 7-9）。折板絮凝池是利用在池中加设一些扰流单元以达到絮凝所要求的水流絮凝状态，便于充分利用能量，降低能耗与药耗，缩短水的停留时间。折板絮凝池又可分为多通道会单通道的平折板、波纹板等不同结构形式。折板絮凝池的水流方向有竖流与平流两种，目前以竖流式为多。折板絮凝池一般分为三段，三段中的折板布置可分别采用相对折板、平行折板和平行直板，折板材质应无毒。折板絮凝池的优点是容积小、絮凝时间短、絮凝效果好，缺点是构造较复杂、造价较高、水量变化影响絮凝效果。折板絮凝池主要适用于水量变化不大、规模农村水厂。

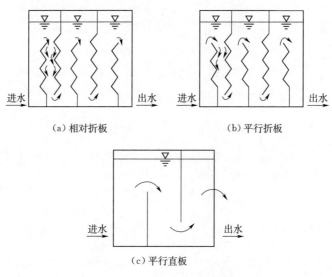

（a）相对折板　　　　　　（b）平行折板

（c）平行直板

图 7-9　折板絮凝池示意图

（3）网格（栅条）絮凝池（图 7-10）。网格絮凝池是由数格相同平面面积和池深的竖井串联组成，进水水流顺序从前一格流向下一格，上下交错流动，一般分三段控制：前段为密网或密栅，中段为疏网或疏栅，末端不安装网、栅，当水流通过网格时，相继收缩、扩大，形成涡旋，造成颗粒碰撞，水流在通过竖井之间时孔洞流速及过网流速逐渐减小，形成良好的絮凝条件。对于规模不大的农村水厂，絮凝池分格一般不宜超过九个，网格可用预制混凝土构件，但最好用杉木制作，这样安装比较方便。网格（栅条）絮凝池的优点是絮凝时间短、絮凝效果较好、构造简单，缺点是水量变化影响絮凝效果。网格（栅条）絮凝池主要适用于水量变化不大、规模较大的农村水厂。

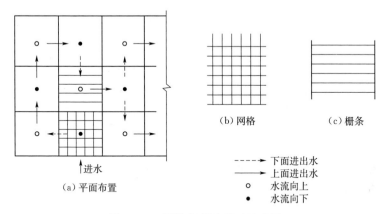

图 7-10   网格絮凝池平面示意图

7.2.5.2 絮凝设施

（1）运行。净水药剂投放要与原水快速混合均匀，药剂投加点一定要在净化水流速最大处。混合、絮凝设施净水量的变化不宜超过设计值的15%。随时注意观察絮凝池出口的絮体情况，应达到水体中絮体与水的分离度大、絮体大而均匀、絮体密度大；当絮凝池出口絮体的形成不理想时，要及时调整加药量与运行技术参数；还要及时排除絮凝池池底淤泥。

（2）保养与维护。做好日常清洁工作，采用机械混合的装置，应每日检查电机、变速箱及搅拌桨版的运行状况，加注润滑油；机械、电气设备应每月检修一次；每年对机械与电气设备、隔板、网格、混合器等进行一次解体检修，更换磨损的部件；金属部件每年油漆保养一次。

7.3 沉淀与澄清设施

7.3.1 沉淀池与澄清池的类型

7.3.1.1 沉淀池

沉淀池是应用沉淀作用去除水中悬浮物的一种构筑物。沉淀池有各种不同的用途，如在曝气池前设初次沉淀池可以降低污水中悬浮物含量，减轻生物处理负荷；在曝气池后设二次沉淀池可以截流活性污泥。此外，还有在二级处理后设置的化学沉淀池，即在沉淀池中投加混凝剂，用以提高难以生物降解的有机物、能被氧化的物质和产色物质等的去除效率。

沉淀池按其形态和结构可分为平流式沉淀池、竖流式沉淀池、辐流式沉淀池以及斜管、斜板式沉淀池等多种。沉淀池的优缺点及适用条件见表 7 - 6。

表 7 - 6　　　　　　　　沉淀池的优缺点及适用条件

形式	优　点	缺　点	适用条件
平流式	1. 造价低、施工简单； 2. 操作、管理方便； 3. 对原水浊度适应性强、潜力大、处理效果稳定； 4. 带有机械排泥设备时，排泥效果好	1. 占地面积大； 2. 不采用机械排泥设备时，排泥困难； 3. 需维护机械排泥设备	一般用于大中型净水厂
竖流式	1. 排泥较方便； 2. 一般与絮凝池合建、不需另建絮凝池； 3. 基建费用低、占地面积较小	1. 上升流速受颗粒沉降速度所限，出水量小，一般沉淀效果较差； 2. 施工比平流式困难	一般用于中小型水厂
辐流式	1. 沉淀效果好； 2. 有机械排泥装置时，排泥效果好	1. 基建投资大； 2. 运行管理费用大； 3. 刮泥运行管理复杂，维修费用高； 4. 施工比平流式困难	一般用于大中型水厂的高浊度水预沉
斜管、斜板式	1. 沉淀效果好； 2. 体积小、占地少	1. 斜管（板）耗材多，老化后更换费用高； 2. 对原水浊度适应性较平流池差； 3. 不设机械排泥装置时排泥困难，设机械排泥装置维护管理复杂	可用于各种规模的水厂，宜用于各沉淀池的改建

7.3.1.2　澄清池

澄清池是在竖流式沉淀池的基础上发展起来的一种集混合、絮凝、沉淀于一体的水处理构筑物。澄清池的工作效率取决于泥渣悬浮层的活性与稳定性。泥渣悬浮层是在澄清池中加入较多的混凝剂，并适当降低负荷，经过一定时间运行后，逐级形成的。为使泥渣悬浮层始终保持絮凝活性，必须让泥渣层处于新陈代谢的状态，即一方面形成新的活性泥渣，另一方面排除老化了的泥渣。

澄清池的种类和形式甚多，根据澄清池对泥渣利用的方式不同，基本上可将其分为泥渣循环型（如机械搅拌澄清池和水力循环澄清池等）和泥渣悬浮型（如脉冲澄清池和悬浮澄清池等）两大类，其中机械搅拌澄清池是国内采用较多的一种澄清池。澄清池的优缺点及适用条件见表7-7。

表7-7　　　　　　　　　　澄清池的优缺点及适用条件

形　式	优　点	缺　点	适用条件
机械搅拌澄清池	1. 处理效率高，单位面积产水量较大； 2. 适用性强，处理效果较稳定； 3. 采用机械刮泥设备后，对较高浊水（悬浮物浓度3000mg/L以上）处理也具有一定适应性	1. 需机械搅拌设备； 2. 维修较麻烦	1. 进水悬浮物浓度一般小于1000mg/L，短时间内允许3000～5000mg/L； 2. 一般为圆形池； 3. 适用于大中型水厂
水力循环澄清池	1. 无机械搅拌设备； 2. 构造较简单	1. 投药量较大； 2. 水头损失较大； 3. 对水质、水温变化适应性较差	1. 进水悬浮物浓度一般小于1000mg/L，短时间允许2000mg/L； 2. 一般为圆形池； 3. 适用于中小型水厂
脉冲澄清池	1. 虹吸式机械设备较为简单； 2. 混合充分、布水均匀； 3. 池深较浅便于布置，适宜于平流式沉淀池改建	1. 真空式需要一套真空设备，较复杂； 2. 虹吸式水头损失较大，脉冲周期较难控制； 3. 操作管理要求较高； 4. 对原水水质、水量变化适应性较差	1. 进水悬浮物浓度一般小于1000mg/L，短时间内允许达3000mg/L； 2. 为圆形、矩形或方形池； 3. 适用于大、中、小型水厂
无穿孔底板的悬浮澄清池	1. 构造较简单； 2. 能处理高浊度水（双层式加悬浮层底部开孔）； 3. 形式多样	1. 需设气水分离器； 2. 对进水量、水温等因素变化较敏感，处理效果不如机械澄清池稳定； 3. 双层式池深大	1. 进水悬浮物浓度小于1000mg/L宜用单层，3000mg/L时宜用双层； 2. 一般为圆形或方形池； 3. 一般流量变化每小时不大于10%，水温变化每小时不大于1℃

7.3.2　平流沉淀池

7.3.2.1　平流沉淀池的构造

平流沉淀池（图7-11、图7-12）为长方形的构筑物，水流在通过水池时，依靠重力作用,使水中矾花等杂质沉淀到池底。这种结构形式比较简单,管理方便,沉淀效果稳定,对进水浑浊度有较大的适应能力,缺点是占地面积大,不采用机械排泥装置时排泥较困难,机械排泥设备维护较复杂。平流沉淀池主要适用于较大的乡镇水厂。

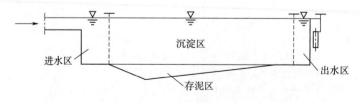

图 7 - 11 平流沉淀池示意图

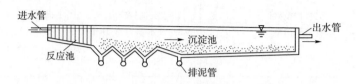

图 7 - 12 多斗底平流沉淀池示意图

7.3.2.2 平流沉淀池的运行

(1) 严格控制运行水位在涉及允许最高运行水位和其下 0.5m 之间。

(2) 做好沉淀池的排泥工作。采用排泥行车排泥时,每日累计排泥时间不得少于 8h,当出水浊度低于 8NTU 时,可停止排泥;采用穿孔管排泥时,每 4～8h 排泥一次。要保持控制阀的启闭操作运转灵活。

(3) 沉淀池内藻类大量繁殖时,应采取投氯和其他除藻措施,防止藻类随沉淀池出水进入滤池。

(4) 沉淀池出水浊度应控制在小于 5NTU。

7.3.2.3 平流沉淀池的保养与维护

(1) 每日检查沉淀池进出水阀门、排泥阀、排泥机械运行状况,加注润滑油。

(2) 每月检修一次排泥机械、电气设备。

(3) 每年解体修理一次排泥机械、阀门,更换损坏零部件,对混凝土池底、池壁检查修补一次,金属部件油漆一次。

(4) 有排泥车的沉淀池,每年清刷一次;没有排泥车的沉淀池每年清刷不应少于两次。

7.3.3 斜管沉淀池

7.3.3.1 斜管沉淀池的构造

斜管沉淀池（图7-13）是在沉淀池内设有许多直径较小的平行倾斜管或许多间隔较小的平行倾斜板的沉淀池，浑水通过斜管时，清水向上流出，污泥沉淀在斜管上，累计到一定厚度时，依靠自身重力作用从斜管滑下。这种沉淀池的优点是沉淀效率高，体积小，占地面积少；缺点是材料消耗多，造价较高，对混凝效果要求较高。斜管沉淀池适用于不同规模的农村水厂。斜管沉淀池由配水区、斜管区、清水区、积泥区等部分组成。

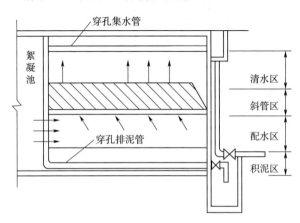

图7-13　斜管沉淀池剖面示意图

7.3.3.2 斜管沉淀池的运行

（1）严格控制沉淀池运行的流速、水位、停留时间、积泥泥位等参数，要求不超过设计允许范围。

（2）适时排泥是斜管沉淀池正常运行的关键。排泥的控制阀必须保持启闭操作运转灵活、排泥管道通畅，每隔4～8h排泥一次，原水浊度高、排泥管径较小时，排泥次数应酌情增加。运行人员应根据原水水质变化情况和池内积泥情况，积累排泥经验，适时排泥。

（3）沉淀池不得在不排泥或超负荷情况下运行。

（4）定期降低池内水位，漏出斜管，用0.25～0.3MPa的水枪冲洗斜管内积存的絮体泥渣，以避免斜管堵塞和变形造成的沉淀池净水能力下降。

（5）斜管沉淀池出水浊度为净水厂重点控制指标，定时检测出水浊度，使出水浊度控制在小于5NTU，发现问题及时采取补救措施。

（6）在日照时间较长、水温较高的地区，应加设遮阳棚或遮阳盖，防止藻类繁殖，延缓塑料斜管材质老化。池内藻类较多时，应采取投氯和其他除藻措施除藻，防止藻类随沉淀池出水进入滤池。

7.3.3.3　斜管沉淀池的保养与维护

（1）每月检查进出水阀、排泥阀、排泥机械运行状况，加注润滑油进行保养。

（2）每月对机械、电气设备检修一次，对斜管冲洗、清通一次。

（3）每年对排泥机械、阀门等进行一次解体检查，更换损坏零部件。

（4）沉淀池每年排空一次，对斜管、支托架、绑绳等进行维护；为池底、池壁进行修补，对金属件涂刷油漆。

（5）每 3~5 年对斜管进行一次大修理，更换老化破损的支撑框架和斜管。

7.3.4　机械搅拌澄清池

7.3.4.1　机械搅拌澄清池的构造

机械搅拌澄清池是将混合、絮凝反应及沉淀工艺综合在一个池内，其结构见图 7-14。池中心有一个转动叶轮，将原水和加入药剂同澄清区沉降下来的回流泥浆混合，促进较大絮体的形成。泥浆回流量为进水量的 3~5 倍，可通过调节叶轮开启度来控制。为保持池内浓度稳定，要排除多余的污泥，所以在池内设有 1~3 个泥渣浓缩斗。当池径较大或进水含沙量较高时，需装设机械刮泥

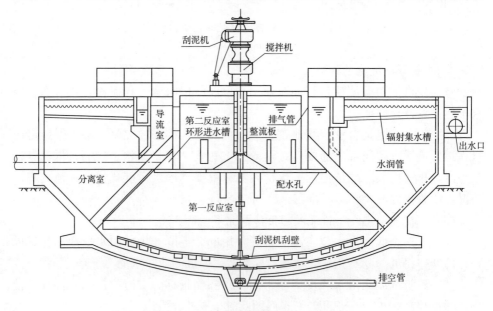

图 7-14　机械搅拌澄清池结构示意图

机。该池的优点是构造较简单，效率较高且比较稳定，对原水水质（如浊度、温度）和处理水量的变化适应性较强，操作运行较方便。缺点是需要机械搅拌设备，维修较麻烦，不宜间断运行。机械搅拌澄清池适用于较大的农村水厂。

7.3.4.2　机械搅拌澄清池的运行

（1）澄清池不允许间断运行。因为悬浮泥渣如果沉淀成污泥，则活性降低，很难再呈悬浮状态，同时也会造成水流通道堵塞，很难再启动。

（2）必须连续投药，不得间断。

（3）澄清池在运行初始时，需要培育活性泥渣，一般需 $5\sim7d$，此时负荷只能是设计负荷的 $1/2\sim2/3$，投药量是设计值的 $1\sim2$ 倍，原水浊度低时，还应投入石灰或黄泥，以促进泥渣的形成，形成必要的泥渣层后才能正式运行送水。

（4）认真做好澄清池的排泥工作是保证澄清池正常运行的关键。要每 $1\sim2h$ 检测一次原水和澄清池出水浊度。絮凝室的泥渣沉降比达到 $15\%\sim30\%$ 即应排泥；排泥过多会影响泥渣层的浓度，过少则使泥渣层上浮，泥渣可能随水带入滤池，都会造成出水浊度过高的工况。运行人员应尽快摸索掌握泥渣沉降比与原水浊度、投加药量、泥渣回流与排泥之间的相关规律。做到适时适量排泥。

（5）澄清池运行时尽量不要变动原水进水量，如需变化，每次增减不得超过正常运行水量的 20%，两次变化间隔不得小于 $1h$。澄清池不得超设计负荷运行。

（6）澄清池出水浊度应控制在小于 5NTU。

（7）机械搅拌澄清池的搅拌设备转速要适当，既要防止泥渣在絮凝室中沉淀，也要防止转速太快把泥渣絮体打碎。

7.3.4.3　机械搅拌澄清池的保养与维护

机械搅拌澄清池的保养与维护要求与混凝池、沉淀池的保养与维护要求相似，可参照做好保养与维护工作。

7.3.5　气浮池

气浮池是一种运用大量微气泡捕捉吸附细小颗粒胶黏物使之上浮，达到固液分离的效果的水处理设施。

不同的气浮池效果不同，主要取决于气浮溶气系统和释放效能系统。从外形上区分，主要分两大类气浮池：圆形气浮池和长方形气浮池。圆形气浮池称为超效浅层气浮，是目前市场上最先进的气浮机，运用浅池理论和零速度原理，及国际先进的微氧化技术和高密度的离子气泡技术，改变水的表面张力，大规模地提升水中的溶解氧，吸附水中的短链有机物分子和有色基团，取得 COD 降解的技术突破。而长方形气浮池是传统的气浮工艺，在水中注入大量气泡，使

水中颗粒状悬浮物上浮，在运行过程中达不到静态上浮效果，一般出水稳定性
较差。

7.4　滤池

7.4.1　滤料及铺装

7.4.1.1　滤料的选择

随着过滤生产实践及理论的发展，可作为滤料的材料种类逐渐增多。最早
的滤料只限于天然的石英砂，后来逐渐有了破碎的无烟煤粒，及其他用天然材
料加工的滤料，如大理石粒、磁铁矿粒、白云石粒及花岗石粒等。最近还创造
出轻质滤料（聚苯乙烯发泡塑料珠）作为反向滤料用于生产实践。

凡满足下列要求的固体颗粒，都可以作为滤料：

（1）有足够的机械强度，以免在冲洗过程中颗粒发生过度的磨损而破碎。破
碎的细粒容易进入过滤水中，而且在冲洗时也将会被水流带出滤池，增加滤料
的损耗，所以备选滤料必须有足够的机械强度。

（2）具有足够的化学稳定性，以免在过滤过程中，发生溶解于过滤水的现
象，引起水质恶化。严格来说，一般滤料都有极微量的溶解现象，但不影响普
通用水的水质要求。例如石英砂有微量溶解于水，但在生活用水标准中，没有
对二氧化硅含量的严格要求，所以作为滤料是没有问题的。但在某些工业用水
中（如锅炉补充用水），对于二氧化硅的含量有严格要求时，则用无烟煤代替石
英砂作为滤料较为合适。

（3）能就地取材、价格低廉。在水处理中最常用的滤料是石英砂，它可以
是河砂或海砂，也可以是采砂场取得的砂。

（4）外形接近于球状，表面比较粗糙、有棱角，吸附表面比较大，棱角处
吸附力最强。

7.4.1.2　滤料铺装

（1）铺装承托料时，应避免损坏滤池的配水配气系统。应均匀轻撒承托料，
严禁由高向低把承托料倾倒至配水配气系统或下一层承托料之上。铺装人员不
应直接在承托料上站立或行走，而应站在平板上操作，以免造成承托料移动。

（2）使滤池充水并使水面符合池内壁水平线，以校核铺装的承托层顶高，
承托层顶面与水面的高度差值应小于 10mm，承托层顶面高于水面的面积与低于
水面的面积之和应小于 10％。

（3）在下层承托料顶面符合要求后，再开始铺装上一层承托料，铺毕粒径
等于或小于 2～4mm 的承托层后，应用该滤池设计上限冲洗强度进行冲洗。开

始冲洗时必须使用小冲洗强度，以便排除配水系统中的空气。气排完之后，再逐渐提高冲洗强度。达到设计上限冲洗强度以前的历时不应小于3min。冲洗水中夹带大空气泡时，极易搅乱分级的承托料。停止冲洗前应先逐渐降低冲洗强度。排水后，细心刮除该层承托料表面的轻物质和细颗粒。

（4）承托料全部分层铺装完成后，使滤池充水至洗砂排水槽以下。由槽顶向水中撒入预计数量的滤料（包括应刮除的轻细杂物）。应尽量使撒入滤料均布全池，不应形成滤料丘。排水后，先将滤料整理平再进行冲洗。冲洗后，刮除轻细杂物。按上述方法操作后，如滤料层顶面未达到设计顶高水平线，应重复上述撒料、整平、冲洗、刮除操作，直到滤料符合要求为止。如果是双层或三层滤料池，则应在下层滤料完成上述四步操作并且该层滤料顶面达到水平线后，再铺装上一层滤料池，且在下层滤料装入滤池后，应在水中浸泡24h以后，方可进行冲洗和刮除的操作。

（5）对于大厚度的单一滤料滤床，一次铺装滤料厚度不应超过0.9m。在下面厚0.9m滤料完成上述四步操作后，再进行上部滤料的四步操作。

（6）刮除：刮除步骤应进行几次，以便去除轻细杂物。刮除工具可用灰刀、平锹等。两次刮除步骤之间，一般冲洗1～3次，每次冲洗历时不应少于5min。

7.4.2 普通快滤池

7.4.2.1 普通快滤池的构造

普通快滤池由池体和管廊两大部分组成。池体内包括进水渠道、冲洗排水槽、滤料层。

普通快滤池滤料一般为单层细砂级配滤料或煤、砂双层滤料，冲洗采用单水冲洗，冲洗水由水塔（箱）或水泵供给。

7.4.2.2 普通快滤池的主要构造

普通快滤池（图7-15）的构造较复杂，由以下几个部分组成：①滤池本体，主要包括进水管渠、排水槽、滤料层，承托层和水系统；②管廊，主要设置有五种管（渠），即浑水进水管、清水出水管、冲洗进水管、冲洗排水管及初滤排水管，以及阀门、一次监测表设施等；③冲洗设施，包括冲洗水泵、水塔及辅助冲洗设施等；④控制室，是值班人员进行操作管理和巡视的工作现场，室内设有控制台、取样器及二次监测指示仪表等。普通快滤池的优点是有成熟的运转经验，运行稳妥可靠，净水效果好；缺点是闸阀多，须设有全套冲洗设备。普通快滤池适用于各种规模的农村水厂。

7.4.2.3 普通快速滤池的运行

（1）滤池新装滤料后，应在含氯量0.3～0.5mg/L的水中浸泡24h，冲洗两

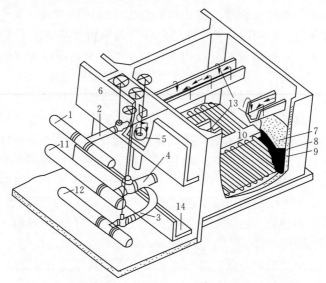

图 7-15　普通快滤池结构剖视图（箭头表示冲洗水流方向）

1—进水总管；2—进水支管；3—清水支管；4—冲洗水支管；5—排水阀；6—浑水渠；

7—滤料层；8—承托层；9—配水支管；10—配水干管；11—冲洗水总管；

12—清水总管；13—冲洗排水槽；14—废水渠

次以后方可投入正式过滤。

（2）滤池的运行滤速不得超过设计值。

（3）每 1～2h 观测一次出水浊度和滤池水位，当滤池出水浊度超过 1NTU 时，就需要对滤池进行冲洗。

（4）冲洗滤池前，在水位降至距砂层 200mm 左右时，关闭滤池清水阀；先开启反冲洗管道上的放气阀，待冲洗水管内空气放完后方可进行滤池冲洗。冲洗时，先开启反冲洗阀的 1/4，待滤池气泡释放完后再将反冲洗阀逐渐开至最大。冲洗滤池时，高位水箱不得放空，用泵直接冲洗滤池时，水泵盘根不得漏气。

（5）滤池冲洗强度应不小于 12～15L/（s·m²）。滤池冲洗时，滤料膨胀率应为 30%～50%。

（6）滤池冲洗后，滤料层上必须保留一定水位，严禁滤料层暴露于空气中，一旦发生这种情况，应和滤池初用时一样，缓慢打开反冲洗阀，使水从下缓慢漫浸滤层，排出滤层中的空气。

（7）滤池冲洗结束时，排水浊度应小于 10NTU。

7.4.2.4　普通快速滤池的保养与维护

（1）每日检查阀门、冲洗设备、管道、电气设备、仪表等的运行状态，保持环境卫生和设备清洁；发现滤层和滤板系统损坏时及时修理。

（2）每月对阀门、冲洗设备、管道、仪表灯维修一次；阀门管道漏水要及时修理；对滤层表面进行平整。

（3）每年对上述设备做一次解体检修，更换损坏零部件；对金属件进行油漆保养。

（4）每5～10年对滤池、机电设备、仪表大修一次，对构筑物进行恢复性修理，翻洗、补充全部滤料；部分或全部更换集水管、滤砖、滤板、滤头和尼龙网等。

7.4.3 重力式无阀滤池

7.4.3.1 重力式无阀滤池的构造

重力式无阀滤池由池体、进水系统、滤水系统、配水系统和冲洗水系统组成（图7-16），包括高位进水槽、进水U形管、布水系统、滤料层、承托层、冲洗水箱、连通管、虹吸管、虹吸辅助管、强制冲洗器、冲洗强度调节器和排水井等。主要特点是利用关系原理使滤池自动进行过滤和冲洗，不需经常管理等。

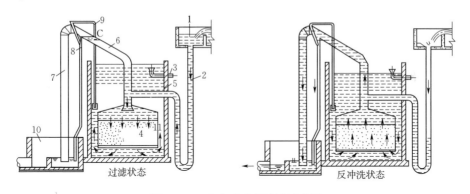

图7-16 重力式无阀滤池示意图

1—进水箱；2—进水管；3—出水管；4—滤料；5—清水箱；6—虹吸上升管；7—虹吸下降管；
8—虹吸辅助管；9—虹吸破坏管；10—排水井；11—通道

重力式无阀滤池的优点是不需要设置阀门，自动冲洗，操作管理方便；缺点是运行过程看不到滤层情况，清砂不便。使用变水头等速过滤工艺，处理后水质不如降速过滤工艺好。重力式无阀滤池主要用于规模不大的农村水厂。

7.4.3.2 重力式无阀滤池的运行

（1）滤池初始运行时，应对滤料进行清洗和消毒。具体方法为：先向冲洗水箱缓慢注水，用清水冲洗滤料10～20min，再用含氯量大于0.3mg/L的水继续冲洗 5min 后停止冲洗。滤料经含氯水浸泡 24h 后再用清水冲洗 10～20min 方可投入正常运行。

（2）合理调整滤池的冲洗强度。在试运行期间，通过调整虹吸排水下降管底端的反冲洗强度调节器或虹吸下降管下水封井溢水口高度的变化，使冲洗强度达到设计的要求。

（3）滤池出水浊度大于 1NTU、尚未自动冲洗时，应立即人工强制冲洗滤池。

（4）滤池暂停运行一段时间后，如滤池水位高于滤层以上，可启动继续运行；如滤层已接触空气，则应按初始运行程序进行，是否仍需采取加氯浸泡措施则应视出水细菌指标决定。

7.4.3.3　重力式无阀滤池的保养与维护

（1）每日检查进水池、虹吸管、辅助虹吸管的工作状况，保证虹吸管不漏气。

（2）每半年至少检查滤层一次。检查时，放空滤池水，打开滤池顶上人孔，运行人员下到滤层检查滤层是否平整，滤层表面堆积泥球情况，有无气喷扰动滤层情况发生等，发现问题及时处理。

（3）每 1～2 年清出、清洗滤层上层滤料一次。

（4）运行 3 年左右要对滤料、承托层、滤板进行翻修，部分或全部更换，对各种管道、阀门及其他设备进行解体恢复性修理。

（5）每年对金属件涂油漆一次。

（6）如发现滤池平均冲洗强度不够，应设法增加冲洗水箱的容积。

7.4.4　虹吸滤池

7.4.4.1　虹吸滤池的构造

虹吸滤池由 6～8 个单元滤池组成一个整体（图 7-17）。滤池的形状主要是矩形，水量少时也可建成圆形。滤池的中心部分相当于普通快滤池的管廊，滤池的进水和冲洗水的排出由虹吸管完成。管廊上部设有真空控制系统。经过澄清的水由进水槽流入滤池上部的配水槽。经进水虹吸管流入单元滤池的进水槽，再经过进水堰（调节单元滤池的进水量）和布水管流入滤池。水经过滤层和配水系统流入集水槽，再经出水管流入出水井，通过控制堰流出滤池。滤池在过滤过程中滤层的含污量不断增加，水头损失不断增长，要保持出水堰上的水位，即维持一定的滤速，则滤池内的水位应该不断地上升，才能克服滤层增长的水头损失。当滤池内水位上升到预定的高度时，水头损失达到了最大允许值，（一般采用 1.5～2.0m）滤层就需要进行冲洗。

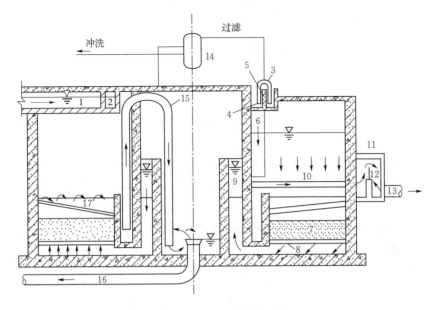

图 7-17　虹吸滤池示意图

1—进水槽；2—配水槽；3—进水虹吸管；4—进水槽；5—进水堰；6—布水管；7—滤层；
8—配水系统；9—集水槽；10—出水管；11—出水井；12—出水堰；13—清水管；
14—真空控制系统；15—冲洗虹吸管；16—冲洗排水管；17—冲洗排水槽

　　虹吸滤池在过滤时，由于滤后水位永远高于滤层，保持正水头过滤，所以不会发生负水头现象。每个单元滤池内的水位，由于通过滤层的水头损失不同而不同。滤池的配水系统必须采用小阻力配水系统。因此可以利用滤池本身的滤过水的水位（清水槽内水位）即可冲洗。

　　滤池冲洗时，首先破坏进水虹吸管的真空，则配水槽的水不再进入滤池，滤池继续过滤。起初滤池内水位下降较快，但很快就无显著下降，此时就可以开始冲洗。利用真空控制系统抽出冲洗虹吸管中的空气，使它形成虹吸，并把滤池内的存水通过冲洗虹吸管抽到池中心的下部，再由冲洗排水管排走。此时滤池内水位降低，当清水槽的水位与池内水位形成一定的水位差时，冲洗工作就正式开始了。冲洗水的流程与普通快滤池相似。当滤料冲洗干净后，破坏冲洗虹吸管的真空，冲洗立即停止，然后，再启动进水虹吸管，滤池又可以进行过滤。冲洗水头一般采用 1.1~1.3m，是由集水槽的水位与冲洗排水槽顶的高差来控制的。滤池平均冲洗强度一般采用 $10\sim15L/(s\cdot m^2)$，冲洗历时 5~6min。一个单元滤池在冲洗时，其他滤池会自动调整增加滤速使总处理水量不变。由于滤池的冲洗水是直接由集水槽供给，因此一个单元滤池冲洗时，其他单元滤池的总出水量必须满足冲洗水量的要求。

虹吸滤池的优点是不需冲洗水泵或冲洗水箱，过滤时不会出现负水头现象，易于自动化操作；缺点是土建结构比较复杂，池体开挖较深而单池面积不能过大，冲洗强度受其余几格滤池的滤水量影响。虹吸滤池主要适用于较大的乡镇水厂。

7.4.4.2 虹吸滤池的运行与维护

虹吸滤池的运行、保养与维护均可参照普通快滤池有关要求。运行管理中还有注意以下几点：

（1）真空系统在虹吸滤池中占重要地位，控制着每格滤池的运行，若发生故障就会影响整组滤池的正常运行，为此在运行中必须维护好真空系统中的真空泵、真空管路及真空旋塞等，防止漏气现象发生。

（2）当要减少滤水量时，可破坏进水小虹吸，停用一格或数格滤池。当沉淀水质较差时，应适当降低滤速。降低滤速可以采取减少水量的方法，即在进水虹吸管出口外装置活动挡板，用挡板调整进水虹吸管出口处间距来控制水量。

（3）冲洗时要有足够的水量。如果有几格滤池停用，则应将停用的滤池先投入运行后再进行冲洗。

（4）寒冷地区要采取防冻措施。

7.4.5 V 形滤池

7.4.5.1 V 形滤池的构造

V 形滤池因两侧（或一侧也可）进水槽设计成 V 字形而得名，目前在我国普遍应用，适用于大、中型水厂。V 形滤池一般采用较粗、较厚的颗粒均匀的石英砂滤层，V 形滤池提升了过滤及反冲洗的自动化控制，另外由于采用了不使滤层膨胀的气、水同时反冲洗兼有待滤水的表面扫洗，明显提升了滤池的反冲洗效果，改善了 V 形滤池过滤能力的再生状况，从而增大滤池的截污能力，降低了滤池的反冲洗频率，具有出水水质好、滤速高、运行周期长、反冲洗效果好、节能和便于自动化管理等特点。

滤池的主要工艺结构一般由进水系统、过滤系统、反冲洗系统、反冲洗扫洗系统和排水系统组成。

7.4.5.2 V 形滤池的运行与维护

（1）滤池采用均质石英砂滤料，有效粒径宜为 0.9～1.3mm，不均匀系数宜为 $K_{80}=1.4～1.6$，滤层厚度宜为 1.0～1.3m，V 形滤池滤速宜为 12m/h 以下。

（2）当水头损失达到 2.0～2.5m 或滤后水浊度大于 1NTU 或运行时间超过 72h 时，滤池应进行反冲洗。

（3）反冲洗时需将水位降到排水槽顶后进行。滤池采用气－气水－水冲洗方式进行反冲洗，同时用滤前水进行表面扫洗。气冲强度宜为 13～17L/(s·m^2)，历时 2～4min；气水冲时气冲强度宜为 13～17L/(s·m^2)，水冲强度为 2～3L/(s·m^2)，历时 3～4min；最后水冲洗强度宜为 4～6L/(s·m^2)，历时 3～4min，滤前水表面扫洗，强度宜为 2～3L/(s·m^2)。

（4）运行时滤层上水深一般大于 1.2m。

（5）滤池进水浊度宜控制在 1～5NTU。滤后应设置质量控制点，滤后水浊度应小于设定目标值。设有初滤水排放设施的滤池，在滤池冲洗结束重新进入过滤过程后，清水阀不能先开启，应先进行初滤水排放，待滤池初滤水浊度符合企业标准时，才能结束初滤水排放和开启清水阀。

（6）滤池停止一周以上，恢复时必须进行有效地消毒、反冲洗后才能重新启用。

（7）滤池新装滤料后，应在含氯量 30mg/L 以上的溶液中浸泡 24h 消毒，经检验滤后水合格后，冲洗两次以上方能投入使用。

（8）滤池初用或冲洗后上水时，严禁暴露砂层。

（9）应每年做一次总面积的 20%滤池滤层抽样检查，含泥量不应大于 3%，并记录归档。

7.4.6 滤池的冲洗

滤池冲洗的目的是清除滤层中所截留的污物，使滤池恢复过滤能力。

7.4.6.1 滤池冲洗的测定

滤池冲洗要求有效、均匀、无冲洗死角、不跑砂。滤池冲洗是否满足要求可以通过以下几个方面加以判别：

（1）测定冲洗强度。核实是否在合理的冲洗强度范围内，如果过大或过小，都应对冲洗设备进行调整。

（2）观察冲洗均匀性。如果不均匀，说明冲洗系统有缺陷，如在气水反冲洗滤池中气泡大小不均匀，则说明滤头或滤板有破损或滤板安装有问题。

（3）测定冲洗结束时的排水浑浊度。如果冲洗时间正常而排水的浑浊度大于 10NTU，则说明冲洗强度不足。

（4）测定滤层的膨胀率。核实滤料的膨胀度是否符合设计要求。

（5）测定滤层表面 15cm 的含泥量。可以从滤池表层 15cm 滤料含泥量的高低判断冲洗状况；滤池冲洗后，表层 15cm 滤料的含泥量宜小于 1%，若大于 3%则将降低过滤去浊率，也说明冲洗不完善，需要改善冲洗条件。

（6）观察滤料层表面和滤料流失情况。观察滤料层表面可以判断承托层或冲洗系统是否有问题，滤料流失情况如果超出要求要查明原因。

（7）对单独水反冲洗滤池进行反冲洗时，观察是否有气泡上升现象，如果有说明气阻较严重，会影响过滤效果，应加以解决，一般是完善冲洗条件，保证滤池冲洗干净，并且要避免过滤速度的急变，一般应控制变更幅度在 10%/10min 以下，两次变更时间的间隔应大于 1h。

7.4.6.2　改善冲洗方式

滤池冲洗方式有水反冲洗、水反冲洗＋表面冲洗、气水反冲洗、气水反冲洗＋表面冲洗等几种方式。其中大型水厂单独的水反冲洗滤池应逐渐改造，为改善冲洗条件，有条件的尽量采取表面冲洗和空气助洗设备，还可采用变频调速水泵或增加反冲洗水泵的台数来对水量进行调节。

此外，以下两种情况要加以考虑：

（1）含高藻水源的水厂冲洗方式的选择。由于水源中藻类含量高，即使经过混凝＋沉淀或气浮后，滤池表层中也会截留大量的藻类，导致表层易结泥球，因此冲洗方式仅为水反冲洗的一定要加表面冲洗，并须保证滤前水余氯量不小于 0.3mg/L，滤池在室外的应加棚避光。

（2）随温度变化调整反冲洗强度。在设计中，水温按 20℃计，随着水温每增减 1℃，反冲洗强度应增减 1%。我国大部分省份的全面水温有 20℃左右的级差，这样在低温 0～5℃时反冲洗强度会过大。在高温或低温时应测定反冲洗强度和检测流失滤料情况，如果低温时反冲洗强度大且滤料流失或高温时反冲洗强度不足、冲洗不净，就必须采取措施。

各农村水厂可根据自身条件，经过技术经济分析比较，选择合适的冲洗方式。

7.5　深度净化设施

7.5.1　预处理

7.5.1.1　化学预氧化

对于微污染水源，如水中有机物、氨氮略超标，或季节性藻类大量繁殖，用常规工艺已不能满足要求时，可考虑投加化学氧化剂，如高锰酸钾、二氧化氯、氯等进行预氧化。

目前微污染水处理较多采用投加高锰酸钾。高锰酸钾预氧化可氧化水中有机物，有效去除饮用水中多种有机物和致突变物，还可以去除微污染水中的臭和味。当水中藻类含量较高，尤其对于鱼腥草、微囊藻、小球藻以及放线菌等，会产生霉臭，投加高锰酸钾后，藻类去除率可达到 90% 以上（与藻的种类、含量有关）。化学预氧化工艺流程见图 7-18。

图 7-18　化学预氧化工艺流程图

高锰酸钾预氧化处理微污染水的适用范围是藻类季节性繁殖期或有机物、氨氮略超标的地表水，其优点是无需改变常规处理工艺，不需再建大型处理设施，投资较低，运行费用低。净化处理后的水再用氯消毒时，生成的有机物量明显减少，水中的致突变物也明显降低。

高锰酸钾投加量为 0.5～2.0mg/L，预先投加于微污染原水中，间隔不低于 3min 再投加混凝剂。如果滤池出水呈现略微红色，说明高锰酸钾投加量过高，应减少投加量，以确保出水厂无色。

水中有机物含量较高时，特别是水中腐殖酸、富里酸较高时，应尽量避免投加氯及其化合物，防治生成过多卤代化合物。

7.5.1.2　生物预处理

常规净水工艺前增设的生物处理工艺即为生物预处理，即借助于微生物群体的新陈代谢活动，有效去除水中可生物降解的有机物，提高水质的生物稳定性，改善常规处理的运行条件（如降低混凝剂的投加量，延长过滤周期），并可以去除原水中的氨氮。其原理是利用生物载体填料上大量好氧生物膜，原水与填料生物膜不断接触，通过微生物代谢活动氧化、还原、合成、分解，在微生物的生物絮凝、吸附、硝化和生物降解等的综合作用下，将微污染水中的氨氮、有机物、藻类和卤代化合物的前驱物逐渐转化和去除。生物预处理用于供水工程时，应结合当地水温、水质等条件。当水温低于 5℃时，微生物代谢作用显著迟缓，生物硝化和降解等作用非常有限，生物预处理效果将明显下降。

生物预处理的设施是生物接触氧化滤池。在池内设置填料，作为微生物载体，经过充氧的水（或池内曝气）流经填料，形成薄层结构的微生物整合体，即生物膜。生物接触氧化滤池在结构上类同于气水反冲洗快滤池，内装生物填料层，滤料为陶粒，粒径 2～5mm，填料层厚度为 1.5～2m。

生物预处理的优点：一是能有效去除水中有机物、氨氮、亚硝酸盐氮、铁和锰等；二是改善水的混凝沉淀性能，减少混凝剂投加量；三是用生物预处理替代常规的预氧化工艺，可避免预氧化形成卤代化合物，降低水的致突变物，改善出水水质。生物预处理的缺点是需增设生物滤池，使基建投资和运行动力消耗加大，建设和管理成本高。

生物预处理适用于水中氨氮含量高，以及有机物含量较高（生物可降解溶解性有机碳含量较高）的微污染水。当水中有机物（以 COD_{Mn} 表示）或氨氮含量较高时，生物滤池上向流略好于下向流；但是就对浊度的降低效果来说，下向流要优于上向流。上向流滤池要求进水中不能含有颗粒较大的悬浮物，否则会堵塞配水系统小孔，导致出水不均；下向流比上向流要安全得多。

7.5.2　活性炭吸附设施

活性炭处理工艺适用于经常规处理工艺后水中某些有机物、有害物质或色、臭、味等感官性状指标仍不能满足出水水质要求的情况。它的原理是污染物质可以在活性炭表面富集或浓缩。活性炭能去除水中部分有机污染物，如腐殖酸、异臭、色度、农药、石油、合成洗涤剂等，但难以吸附有机物的醇类、低分子量酮、酸、醛，极高分子量胶体以及低分子量的脂肪类。活性炭处理工艺流程见图 7－19。

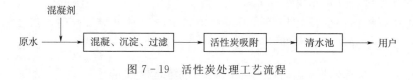

图 7－19　活性炭处理工艺流程

7.5.3　臭氧－活性炭吸附设施

臭氧与活性炭结合处理工艺，其原理是利用臭氧的强氧化作用，改变大分子有机物的性质和结构，使之易于被活性炭微孔吸附。投加了臭氧的水中含有充分的氧，使活性炭处于富氧状态，表面繁殖生长形成生物膜，通过正负吸附和氧化降解作用，显著提高了活性炭去除有机物的能力，并延长了活性炭使用寿命。这种工艺能去除水中可溶解性铁、锰、氰化物、硫化物、亚硝酸盐等，还能降低色、臭、味和致突变物的潜在生成能力。臭氧、活性炭组合的工艺流程见图 7－20。

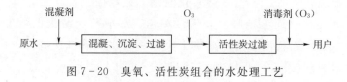

图 7－20　臭氧、活性炭组合的水处理工艺

去除水中臭、味时，臭氧投加量为 $1.0\sim2.0mg/L$；去除色度为主时，投加量 $2.5\sim3.0mg/L$；去除有机物时，投加量为 $1.0\sim3.0mg/L$。

臭氧氧化处理系统的运行操作：应控制和检测臭氧发生器的电压、气量、气压、进出气温、进出冷却水温、水量等参数，同时对生成的臭氧化气浓度进行量测。控制和检测臭氧发生器的供电系统（如调压器、变压器等）以及放电过程（如放电现象、电压、电流及熔断保护等），控制水质、水量、投加臭氧气量及浓度。空气中和水中的臭氧浓度需采用专用量测仪器。空气中臭氧量测浓度为 $1\sim50\mathrm{mg/L}$，水中臭氧量测浓度为 $0.01\sim1.0\mathrm{mg/L}$。

7.6 劣质水处理设施

7.6.1 除铁锰设备运行管理操作规程

7.6.1.1 自然氧化法除铁锰

自然氧化法除铁锰在生产运行过程中必须要保证曝气量，运行效果好坏与水中的有机物、碱度、还原性物质、水温有关。一般采用较细的滤料、较厚的滤层和较低的滤速。

7.6.1.2 接触氧化除铁锰

接触氧化除铁锰在生产运行过程中必须要保证曝气量，一般可在滤速较高的条件下运行。

7.6.1.3 氧化法直接过滤除铁锰

（1）氧化剂投加量直接关系到处理效果，因为水中含有还原性物质，实际需要量要高于理论值，具体投加量需要进行实验室试验。

（2）液氯、次氯酸钠作为氧化剂，要考虑消毒副产物和剩余氯量，避免出厂水余氯变化太大，影响用户使用。

（3）高锰酸钾作为氧化剂，需控制投加量，避免过量投加造成出水色度、锰指标的超标。

（4）臭氧作为氧化剂，需考虑氧化后水中余臭氧问题。

7.6.1.4 锰砂滤料的运行管理

锰砂除铁锰适应性强，能适应不同水质的范围大，对水质、水量突变的冲击负荷的忍耐力强，具有维持稳定的处理效果。因此，锰砂滤料滤池应科学地运行管理，定期冲洗排污，防止引起堵塞。

复合锰砂密度较低（其密度一般为 $1.55\sim1.60\mathrm{g/cm^3}$），特别适用于中小型水厂的虹吸除铁锰滤池和各型除铁锰滤罐。虹吸滤池由于反冲洗水头较低，往往不宜使用容重较大的天然锰砂滤料（其密度一般为 $2.2\sim2.4\mathrm{g/cm^3}$）。

7.6.2 除氟设备运行管理操作规程

7.6.2.1 吸附

在原水接触滤料之前，原水可采用投加硫酸、盐酸、醋酸等酸性溶液或投加二氧化碳气体降低 pH 值,一般宜调整至 6.0～7.0。单个滤池除氟周期终点出水的含氟量可稍高于 1mg/L,并应根据混合调节能力确定终点含氟量值,但混合后处理水含氟量应不大于 1mg/L。

7.6.2.2　再生

(1) 当滤池出水含氟量达到终点含氟量值时,滤料应进行再生处理。再生液宜采用氢氧化钠溶液,也可采用硫酸铝溶液。

(2) 当采用氢氧化钠再生时,再生过程可分为首次反冲、再生、二次反冲(或淋洗)及中和 4 个阶段。当采用硫酸铝再生时,上述中和阶段可以省去。

(3) 首次反冲洗滤层膨胀率可采用 30%～50%,反冲洗时间可采用 10～15min,冲洗强度视滤料粒径大小,一般可采用 12～16L/(s·m²)。

(4) 再生溶液宜自上而下通过滤层;再生液流速、浓度和用量可按下列规定采用:

1) 氢氧化钠再生:可采用浓度为 0.75%～1% 的氢氧化钠溶液,氢氧化钠的消耗量可按每去除 1g 氟化物需要 8～10g 固体氢氧化钠来计算。再生液用量容积为滤粒体积的 3～6 倍,再生时间为 1～2h,再生液流速为 3～10m/h。

2) 硫酸铝再生:可采用浓度为 2%～3% 的硫酸铝溶液,硫酸铝的消耗量可按每去除 1g 氟化物需要 60～80g 固体硫酸铝来计算。再生时间可选用 2～3h,流速可选用 1～2.5m/h。再生后滤池内的再生溶液必须排空。

(5) 二次反冲强度可采用 3～5L/(s·m²),流向自下而上通过滤层,反冲时间可采用 1～3h。淋洗采用原水以 1/2 正常过滤流量,从上部对滤粒进行淋洗,淋洗时间 0.5h。

(6) 采用硫酸铝作再生剂,二次反冲终点出水 pH 值应大于 6.5,含氟量应小于 1mg/L。

(7) 采用氢氧化钠作再生剂,二次反冲(或淋洗)后应进行中和。中和可采用 1% 硫酸溶液调节进水 pH 值至 3.0 左右,进水流速与正常除氟过程相同,中和时间为 1～2h,直至出水 pH 值降至 8.0～9.0 时为止。

(8) 首次反冲、二次反冲、淋洗以及配制再生溶液均可利用原水。

(9) 首次反冲、二次反冲、淋洗以及中和的出水均严禁饮用,必须废弃。

7.6.3　苦咸水淡化设备

反渗透(RO)的原理是在膜的原水一侧施加比溶液渗透压高的外界压力,只允许溶液中水和某些组分选择性地透过、其他物质不能透过而被截留在膜表面的过程。反渗透膜用特殊的高分子材料制成,具有选择性的半透性能的薄膜。反渗透膜适用于 1nm 以下的无机离子为其主要分离对象的水处理。反渗透法除盐工艺流程见图 7-21。

图 7-21　反渗透法除盐工艺流程图

为保证水处理系统长期安全稳定运行，原水在进入反渗透前，应预先去除所含的悬浮物和胶体、微生物、有机物、铁、锰、游离性余氯和重金属等。

7.6.3.1　反渗透工艺的主要设备

采用反渗透方法除盐，所使用的反渗透装置包括以下设备：多介质过滤器，内装石英砂或石英砂与无烟煤组成的双层滤料；精密过滤器，也称保安过滤，内设 $5 \sim 10 \mu m$ 滤芯，用于去除水中微量悬浮物和微小的胶体微粒；给水加压的高压泵，使水透过反渗透膜；用于加酸清洗反渗透膜的加药泵，运行中加阻垢剂防止膜表面结垢阻塞膜面。

7.6.3.2　反渗透装置出水的后处理

苦咸水经反渗透装置处理后的出水，由于水中一氧化碳能 100% 通过膜，使出水的 pH 值低而呈酸性，故出水还需加氢氧化钠或石灰，或勾兑适当比例的原水，把 pH 值调至 6.5 后，再投加消毒剂才能作为生活饮用水。

7.6.3.3　反渗透装置运行管理

（1）对于 $10 \mu m$ 或 $5 \mu m$ 的过滤器，精密过滤器（保安过滤）当过滤器进出口压差大于设定值（通常为 $0.05 \sim 0.07$ MPa）时就应当更换。

（2）高压泵保护装置。高压泵进出口都装有高压和低压保护开关。供水量不足时高压泵入口水压会低于某一设定值，自动发出信号停止高压泵运转，使高压泵不在空转状况下运行。当误操作时，其出口压力超过某设定值时，高压泵出口高压保护开关也会自动切断电源，使系统不在高压下运行。

（3）反渗透控制系统。主要是控制高压泵的启动与停止，高压泵的启、停是通过反渗透后置的水箱液位的变化来控制的。

（4）反渗透清洗系统。反渗透膜经长期运行后，膜表面会积累一层难以冲洗掉的、由微量盐分和有机物形成的污垢，造成膜组件性能下降，所以必须用酸进行清洗。反渗透系统一般设一台清洗药箱、不锈钢清洗泵和配管等，组成自动清洗系统。反渗透装置停机时，因膜内部水已处于浓缩状态，易造成膜组件污染，需要用水冲洗膜表面，可用反渗透出水通过冲洗水泵进行清洗。

7.6.3.4　维护与保养

每月检查泵头检测孔是否有物料流出；每 3 个月检查机械驱动部分运行声

音是否异常；每半年（或 1500h）清洗底阀和单向阀组件，检查流量稳定性；每年（或 3000h）更换底阀和单向止回阀阀球、阀座或阀体（视使用情况而定），更换隔膜和油封（视使用情况而定）。

7.7　一体化净水设备

一体化净水设备供水厂是将混凝、沉淀、过滤和消毒集于一体的净水厂。它降低水中浊度、耗氧量和微生物等，适合于供水分散、规模较小、管理水平较低的农村饮用水工程，它投资省、管理方便、运行费用低、效果稳定，能用于饮用水处理的成套设备。

7.7.1　一体化净水设备的运行管理

一体化净水设备工艺流程和技术参数是固定的，使用单位应根据水源水质调整混凝剂和消毒剂投加量。

7.7.1.1　混凝剂投加操作规程

一体化净水设备的净水过程与常规水厂基本相同，也就是经过混合絮凝、沉淀、过和消毒等过程，因此在净水工艺基本固定的情况下，净水效果的好坏与混凝效果密切相关。

（1）根据水源水质和当地水厂条件，确定投加混凝剂的种类，有固体聚合氯化铝、液体聚合氯化铝、聚合氯化铝铁、液体硫酸铝等，并根据实际确定溶解过程。

1）按规定的浓度将固体混凝剂称重，投入溶药箱内，加清水到应有的水位后，启动搅拌机搅拌到药剂完全溶解为止。药剂存放时间一般不要超过 8h。所以要根据最佳投药量，计算出一次溶药的重量和投水量。聚合氯化铝搅拌较容易，一般几分钟就行，而聚丙烯酰胺一般要搅拌 45min 以上，有的要用热水搅拌。

2）药液配制浓度。混凝剂主投药剂一般为聚合氯化铝，在水质浊度较高时还需投加聚丙烯酰胺助凝。一般情况下，主投药剂浓度为 1%～5%，聚丙烯酰胺浓度为 1‰，此浓度便于投加时调整流量与计算。

（2）计量泵调节混凝剂投加量。

1）根据制水量多少、水源水质的浊度确定投加混凝剂的量（一般以氧化铝来计算药剂投加量），通过混凝剂溶液浓度和计量泵量程来调整加药量大小。

例如，制水量 $30m^3/h$，氧化铝投加量为 $1～15mg/L$，则氧化铝总投加量 $30～450g$。采用 $15.75L/h$ 的计量泵，则每一挡位（10%）投加量为 $1.58L/h$，投加 5％的聚合氯化铝溶液时，对应每档氧化铝量投加量为 78.75g，即投加浓度每档为 2.63mg/L，见表 7-8。

表 7-8　　制水量 30m³/h 投加 5％（50g/L）的聚合氯化铝的投加量

（15.75L/h 的计量泵）

档位 /％	对应投加溶液量 /（L/h）	对应投加氧化铝量 /（g/h）	对应投加浓度 /（mg/L）
5	0.79	39.38	1.31
10	1.58	78.75	2.63
20	3.15	157.50	5.25
30	4.73	236.25	7.88
40	6.30	315.00	10.50
50	7.88	393.75	13.13
60	9.45	472.50	15.75
70	11.03	551.25	18.38
80	12.60	630.00	21.00
90	14.18	708.75	23.63
100	15.75	787.50	26.25

2）烧杯试验：用 6 个 300mL 的烧杯，分别装 300mL 的水源水，分别加入 1％的稀释液 0.1mL、0.2mL、0.3mL、0.5mL、0.8 mL、1mL（1mg/300mL、2 mg/300mL、3mg/300mL、5mg/300mL、8mg/300mL、10mg/300mL）。搅拌 10min（在搅拌器的搅拌轴下或用玻璃棒快速搅拌 1min，逐渐减慢搅拌速度 5min，低速搅拌 5min，提起玻璃棒），观察矾花，沉淀 10min，取上清液测浊度，检查最低浊度，即为最恰当的投加浓度。

优选法重复试验，选出最佳混凝沉淀效果的混凝剂量。认真确定最佳投药量是保证出水水质和节省药剂、降低运行成本的关键。

7.7.1.2　消毒投加操作规程

经过一体化净水设备的净水水质，还需经过消毒处理，水质才能达到卫生要求，这是《生活饮用水卫生标准》（GB 5749—2006）规定的生活饮用水的基本要求，消毒措施不当可导致微生物指标超标，因此在净水工艺基本固定的情况下，消毒效果的好坏直接影响供水安全，此投加过程可参照常规水厂消毒的操作规程。

（1）根据水源水质和当地水厂条件，确定投加消毒剂的种类。常用的有次氯酸钠溶液、二氧化氯、液氯等。

（2）根据设备产水量（m³/h）计算消毒剂投加量，一般以消毒剂残余量确定消毒效果。

（3）进行出水厂的消毒剂残余量、细菌总数、总大肠菌群等指标检测，根据需要及时调整投加量。

7.7.1.3　制水的操作规程

一体化净水设备的制水过程在控制投加混凝和消毒剂之外，主要是观察止水过程中沉淀和过滤是否正常，其中部分一体化净水设备是全密封的设备不能直接观测到是否正常，则可在沉淀水出口取待滤水进行检验，检验其浊度，是否达到 5NTU 以下，观察反应、沉淀的污泥是否正常排放。

7.7.1.4　进水量与滤速的控制

由于净水器不能超负荷运行，一般要求在净水器的出水口安装流量计。但为节省投资不装时，应选用相同流量的水泵，或在运行管理中根据进入净水器水位的变化，计算单位时间的进水量，形成经验后，即可按阀门开启度。

（1）进水量的调整主要是调整进水阀的开度，开度大，流量大。

（2）滤速的调整。一般滤速可控制为 6～12m/h，要确定工作滤速，主要是调整进水阀门的开度，开度大滤速大，制水量大；开度小滤速小，制水量小。因此工作时，可根据水源水质调整进水阀门，可调整制水量和滤速，若水源水质浊度较大时，可减小滤速来提高出水水质。

7.7.1.5　反冲洗的操作规程

一体化净水设备的过滤多采用石英砂过滤，过滤一段时间需进行反冲洗。滤池是一体化净水设备的最后一道工序，滤池运行的好坏直接影响水厂的出水水质。但是很多快滤池在运行一段时间后，就会出现过滤层含泥量大，在反冲洗强度设计值范围内不能达到预期的反冲洗效果，并且冲洗历史延长，产水量下降，严重阻碍了快滤池的正常运行。滤池反冲洗对滤池工作效率影响很大。各种一体化净水设备都设计了相应反冲洗方式，应按相应说明书制订有关反冲洗的操作规程。

7.7.2　一体化净水设备的维护

一体化净水设备是将混凝、沉淀、过滤有机结合在一个罐体中，维护保养工作主要是定期检查斜板和砂滤层，以及外围的加药装置。

7.7.2.1　投加混凝装置维护

（1）应每日检查投药设施运行是否正常，储存、配制、传输管有否堵塞、泄漏。每日检查设备的润滑、加注和计量是否正常，并应进行清洁保养及场地清扫。

（2）每年检查储存、配制、传输和加注计量设备一次，做好清洗、修漏、检修工作。

7.7.2.2　次氯酸钠加注设备的维护保养

（1）应每日检查加注系统设备是否正常，检查储存输送管道、阀门是否泄漏，并检修、清洁，检查相关计量仪器、电气设备是否正常并清洁检修。

（2）加注设备应每年解体检修一次，更换磨损部件、润滑脂、密封件。

7.7.2.3　斜管沉淀池维护

（1）每日检查排泥阀（反冲阀）运行状况并进行保养，适时加注润滑油。

（2）每年排空一次，检查斜管、支托架、池底、池壁等，并进行检修、油漆等。

（3）斜管沉淀池3～5年应进行检修，发现支承框架、斜管有问题时及时更换。

7.7.2.4　过滤设施维护

（1）每日检查滤池中冲洗设备的运行状况，并做好设备、环境的清洁和保养工作。

（2）每半年测量一次砂层厚度，砂层厚度下降10％时，必须补砂（一年内最多补一次）。

（3）滤池大修内容应包括下列各项：

1）检查滤料、承托层，按情况更换。

2）滤池壁与砂层接触面的部位凿毛。

3）滤料经冲洗后，表层抽样检验，不均匀系数应符合设计的工艺要求。

7.7.2.5　一体化净水设备罐体维护

（1）每日检查罐体连接的管件阀门有无渗漏，发现问题及时检修。

（2）每年对阀门、铁件进行油漆一次。

第 8 章

消 毒 设 施

8.1 概述

消毒的目的主要是杀死绝大多数病原微生物，防止水致传染病的危害。加氧化性消毒剂可同时氧化水中的有机物和还原性污染物，降低化学需氧量。

给水处理过程中，水经过混凝、沉淀（澄清）和过滤，能去除大量悬浮物和黏附的细菌，但过滤出水还远远不能达到饮用水的细菌学指标。一般水质较好的河水大约含有大肠杆菌 10000CFU/L，混凝沉淀可除去 50%～90% 的大肠杆菌，过滤又可除去进水中 90% 的大肠杆菌，出水中一般还会含有 100CFU/L 以上的大肠杆菌。我国新的饮用水卫生标准规定不得检出大肠杆菌，所以最后必须进行消毒。通过消毒后，生活饮用水的细菌含量和余氯量应符合《生活饮用水卫生标准》（GB 5749—2006）的规定。

水的消毒应满足以下两个条件：一是在水进入配水管网前，必须灭活水中的病原体；二是自水进入管网起，到用水点以前，消毒作用一直保持到最不利的用水点处，防止在管网输水过程中病原体或细菌再度繁殖，产生二次污染。

8.1.1 消毒的基本要求

农村水厂一般在水过滤后进入清水池前投加消毒剂，当原水中有机物或藻类较高时，可在混凝沉淀前和过滤后同时投加。混凝沉淀前投加的目的是氧化水中有机物和杀灭藻类，去除水中色、臭、味；过滤后再次投加消毒剂，是进一步杀灭水中病原体或细菌。

水和消毒剂接触时间应在 30min 以上，出厂水保持游离性余氯在 0.3mg/L 以上时，才能对如伤寒、疟疾等肠道致病菌、钩端螺旋体、布氏杆菌等有杀灭作用。

采用加氯消毒工艺，消毒剂投加点设在清水池的进水管上，无水池时可在泵前或泵后管道中投加，但水与消毒剂应有 30min 的接触时间。

消毒是水净利化的最后一道屏障，投加量过少或过多均不利于饮水安全。消毒剂的用量既要保证微生物的灭活，又要控制消毒所产生的副产物在允许范围内。采用滤前氧化和氯消毒时，氯的投加量一般为 1.0～2.0mg/L，滤后水或地下水的氯消毒，氯的投加量一般为 0.5～1.5mg/L，出厂水余氯不低于 0.3mg/L，管网末梢游离性余氯不低于 0.05mg/L。

投加消毒剂的管道、设备及其配件，应采用无毒、耐腐蚀的材料。

农村水厂常用消毒剂及消毒方法有次氯酸钠、二氧化氯、紫外线、臭氧、液氯、漂白粉等。

8.1.2 消毒安全注意事项

（1）消毒剂的选择应根据当地市场供应、原水水质、工程设计规模和运行成本等技术经济条件，经论证后确定。臭氧、紫外线的消毒效果好，但成本相对较高，无持续消毒效果，一般仅适用于无清水池、供水规模小、管网短的农村水厂。消毒是水处理的最后一道屏障，消毒剂投加量过少或过多均不利于饮水安全，应根据管网长短，合理控制消毒剂投加量。每种消毒剂使用的安全注意事项不同，应根据制备消毒剂的原料和消毒剂的性质分别制定操作规程，严格贯彻执行。

（2）液氯投加需配备专用设备，氯瓶内液氯不能用尽，防止水倒灌入钢瓶内引起爆炸，加氯间内应设磅秤，随时校核加氯量和氯瓶内剩余的液氯量；二氧化氯宜现场制备，采用氯酸钠和亚氯酸钠为原料的化学法制备，需用计量泵定量控制，掌握原料的转化率，设气液分离装置，确保尽可能纯的二氧化氯加入水中，杜绝原料直接进入清水池。二氧化氯及其原料氯酸钠、亚氯酸钠均属易燃易爆化学品，二氧化氯发生器与原料仓库应设隔墙分别设置，并设必要的安全措施。

（3）消毒剂均为氧化剂，投加消毒剂的管道及配件需采用耐腐蚀的材料，一般宜采用耐老化、无毒的塑料制品，如 ABS 工程塑料、PPR 聚丙烯类管材等。

（4）消毒间一般应布置在靠近投加地点和水厂的下风口，消毒剂投加装置应与仓库分隔布置，必须有直接通向外部并向外开的门，应保持门的推拉方便灵活；应每天检查位于消毒间出入口的工具箱、抢修用具箱及防毒面具等是否齐全完好；定期检查设在室外的照明和通风设备开关启闭灵活；消毒间的管线应敷设在管沟内；投加消毒剂的压力水应保证足够的量和压力，尽可能保持压力稳定；消毒间要有良好的通风，二氧化氯、液氯、臭氧等消毒剂的比重均大于空气，排风口设在低处。

（5）消毒间应设报警器，消毒剂浓度超过规定值时自动报警，有条件的水厂应将通风设备与报警器联动，当出现少量泄漏时，自动打开排风扇。

8.2　次氯酸钠消毒设备

8.2.1　设备原理和结构

8.2.1.1　次氯酸钠消毒的原理

次氯酸钠杀菌主要是通过其水解形成有效消毒成分的次氯酸，次氯酸的极强氧化性使菌体和病毒的蛋白质变性，从而使病源微生物致死。因此，从消毒作用的机理本质上讲，次氯酸钠消毒与投加氯气消毒的机理相同。

根据测定，次氯酸钠的水解受 pH 值的影响，当 pH 值超过 9.5 时就会不利于次氯酸的生成。但是，绝大多数水质的 pH 值都在 6.0～8.5，而对于 ppm 级浓度的次氯酸钠在水中几乎完全水解成次氯酸，其效率高于 99.99%。其过程可用化学方程式简单表示如下：

$$NaClO + H_2O \longrightarrow HClO + NaOH$$

次氯酸在杀菌、杀病毒过程中，不仅可作用于细胞壁、病毒外壳，而且因次氯酸分子小，不带电荷，可渗透入菌（病毒）体内与菌（病毒）体蛋白、核酸、和酶等发生氧化反应，从而杀死病原微生物。

$$R-NH-R + HClO \longrightarrow R_2NCl + H_2O$$

同时，氯离子还能显著改变细菌和病毒体的渗透压使其丧失活性而死亡。

8.2.1.2　次氯酸钠发生器的结构

次氯酸钠发生器应该包括发生系统和投加系统。发生系统由盐水配水装置、发生装置、清洗装置组成，投加系统由存贮及投加装置组成，发生器工作原理如图 8-1 所示。其中发生装置是整个次氯酸钠发生器的核心部件，决定了发生器性能的好坏，效率的高低。下面介绍各装置的主要功能及其相互关系。

（1）盐水配水装置：自来水进水经软水器软化后，水中的钙、镁离子被去除，生成软化水。一部分软化水进入软化水箱存贮，为次氯酸钠发生器提供稀释水；另一部分进入溶盐箱溶解食盐，成为饱和食盐水。饱和食盐水经计量泵与稀释水精确配水混合，进入次氯酸钠发生装置。

（2）次氯酸钠发生装置：在次氯酸钠发生器中，3%～3.5% 的盐水通过电解反应，生成次氯酸钠溶液。总的化学反应方程式如下：

$$NaCl + H_2O \xrightarrow{\text{电}} NaClO + H_2 \uparrow$$

（3）清洗装置：耐腐蚀泵从酸箱中吸取酸溶液，定期对次氯酸钠发生装置的电极进行清洗，保持设备正常运行。

（4）存贮及投加装置：发生器产生的次氯酸钠溶液输送至次氯酸钠储罐存储，鼓风机连续将储罐内氢气稀释，达到安全浓度排放。次氯酸钠溶液按需由耐腐蚀泵投加至加药点。

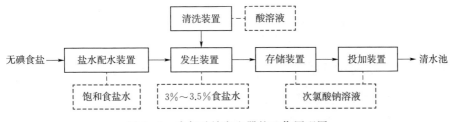

图 8-1　次氯酸钠发生器的工作原理图

8.2.2　运行环境条件

次氯酸钠发生器运行的外部环境条件应满足以下要求：

（1）环境温度：0～40℃。

（2）环境湿度：空气中最大相对湿度不超过 90%（以空气温度 20℃±5℃时计）。

（3）次氯酸钠发生器应放置在独立消毒间，其使用空间应能满足操作要求；消毒间通水、通电、通风良好。

（4）次氯酸钠发生器工作电源电压为 380V±38V，电解电压为 9～10V，电解电流为 200～220A。

（5）次氯酸钠消毒液投加点应设置在清水池入口处。

（6）电解生成的次氯酸钠溶液不易久贮，夏天应当天生产、当天用完；冬天贮存时间不超过一周，并采取避光措施。

8.2.3　运行操作与维修养护

（1）操作人员应严格按次氯酸钠发生器产品说明书和操作规程进行操作，应掌握一定浓度的次氯酸钠投加量与处理水量、出厂水允许余氯、供水管网末梢水余氯之间的关系和规律，以合理确定次氯酸钠加注量。

（2）配制盐水浓度每次必须相同，有专人负责，发生器电流、生产效率应固定。

（3）要经常注意电解液及冷却水的流通顺畅情况，观察各管道接头是否有漏液现象，防止对某些器件的腐蚀。运行中电解槽内会产生一些杂质，如碳酸钙和氢氧化铁等，一般需要每周冲洗电解槽 1～2 次。

（4）根据产品说明书的要求，按时对发生器进行保养、检修，更换易损部件。每年对投加管道和附件进行一次恢复性修理。

（5）国内生产次氯酸钠发生器的厂家很多，型号也多。厂家应负责发生器设备安装和操作人员培训，这是选用设备生产厂家时必须考虑的前提条件。

8.3　二氧化氯消毒设备

8.3.1　设备原理和结构

8.3.1.1　二氧化氯消毒原理

二氧化氯是一种黄绿色气体，易溶于水，具强氧化性，杀菌能力强，对细菌、病毒等具有广谱杀灭能力。消毒时不产生三氯甲烷等致癌物质。二氧化氯理论氧化能力是氯气的 2.63 倍，其杀菌效果明显高于液氯。二氧化氯可渗入细菌细胞内，将核酸（RNA 或 DNA）氧化，从而阻止细胞合成代谢，使细菌死亡。二氧化氯对细胞壁有较好的吸附性和透过性，在其强氧化作用下，可抑制细胞合成蛋白质的过程，改变细胞膜的通透性，导致细胞内某些关键物质漏出，与蛋白质中某些氨基酸相互作用，导致氨基酸链断裂，从而使水中的微生物死亡。

8.3.1.2　二氧化氯消毒设备的结构

二氧化氯发生器包含原料供给系统、反应系统、吸收系统、测量控制系统和安全系统。

原料供给系统包括储药罐和原料投加泵；反应系统是发生器的核心结构，通常是釜式反应系统，可以令原料能充分反应；吸收系统是将气态产物吸收溶解于水制成消毒溶液；测量控制系统是指二氧化氯浓度检测以及投加频率等关键技术参数设定控制系统；安全系统是指二氧化氯泄漏报警、原料进料不同步紧急预警等功能。高纯型二氧化氯发生器的工作原理图见图 8-2，复合型二氧化氯发生器的工作原理图见图 8-3。

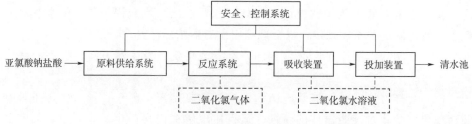

图 8-2　高纯型二氧化氯发生器的工作原理图

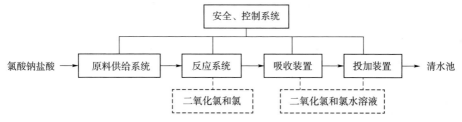

图 8-3 复合型二氧化氯发生器的工作原理图

8.3.2 运行环境条件

采用二氧化氯消毒时，应设原料间，原料间应符合下列要求：

（1）应靠近消毒间。

（2）占地面积应根据原料储存量设计，并应留有足够的安全通道。原料储存量应根据原料特性、日消耗量、供应情况和运输条件等确定，一般可按照 15～30d 的用量计算。

（3）应安装通风设备或设置通风口，并保持环境整洁和空气干燥；房间内明显位置应有防火、防爆、防腐等安全警示标志。

（4）原料间地面应经过耐腐蚀的表层处理，房间内不得有电路明线，并应采用防爆灯具。

（5）原料属危险化学品时，应符合《危险化学品安全管理条例》（国务院令2011 年第 591 号）和《常用化学危险品贮存通则》（GB 15603）的要求。

（6）化学法制备二氧化氯的原材料，严禁相互接触，必须分别贮存在分类的库房内：盐酸、硫酸或柠檬酸库房，应设置酸泄漏的收集槽；氯酸钠或亚氯酸钠库房，应备有快速冲洗设施。

（7）原料间环境温度：5～40℃；环境湿度：相对湿度≤90％。

投加点应符合下列要求：

（1）投加点最好选在离设备出口小于 100m，且没有背压的地方。

（2）投加点应选在能保证消毒剂与水混合均匀处，而且混合后应有足够的接触时间（不少于 30min）。

（3）应选择水射器投加，保证消毒剂与水混合均匀，且能避免消毒剂挥发损失。

8.3.3 运行操作与维修养护

（1）运行过程中要经常监测药剂溶液的浓度，现场要有测试设备。在进出水管线上设置流量监测仪，控制进出水流量，避免制成的二氧化氯溶液与空气接触，防止在空气中达到爆炸浓度；应严格按工艺要求操作，不能片面加快进料，盲目提高温度。

（2）严格控制二氧化氯投加量，当出水中氯酸盐或亚氯酸盐含量超过 0.7mg/L，应采取适当措施，降低二氧化氯的投加量。

（3）每天检查发生器系统部件、管道接口有无渗漏现象；定期停止运转，仔细检查系统中各部件；每年对管道、附件进行一次恢复性修理。

8.4　紫外线消毒设备

8.4.1　设备特点与适用范围

8.4.1.1　紫外线消毒的特点

（1）在水处理过程中一般不会产生副产物，不会在水中引进杂质，水的物化性质基本不变。

（2）水的化学组成（如氨含量）、酸碱度和温度变化一般不会影响消毒效果。

（3）杀菌范围广而且处理时间短。在一定的辐射强度下一般病原微生物仅需十几秒即可杀灭，能杀灭一些氯消毒无法灭活的病菌，还能在一定程度上控制一些较高等的水生生物如藻类和红虫等。

（4）设备构造简单，容易安装，小巧轻便，水头损失小，占地少。

（5）容易实现自动化，设计良好的系统设备运行维护工作量很少。

（6）运行管理比较安全，没有使用、运输和储存其他化学品可能带来的剧毒、易燃、爆炸和腐蚀性的安全隐患。

8.4.1.2　紫外线消毒的适用范围

（1）紫外线消毒适用于以地下水为水源、水质较好、管网较短的小型单村集中供水工程。进水水质：色度≤15 度，浊度≤5NTU，总铁≤0.3mg/L，总铁≤0.5mg/L，硬度≤120mg/L，总大肠菌群≤1000MPN/L，菌落总数≤2000CFU/mL。对天然地表水，宜先过滤祛除水中的杂质和胶质。

（2）供水规模：主管网不宜太长，新主管网不宜超过 2km，旧管网不宜超过 1.5km。适用于单村和联村供水、学校供水和分散供水。

（3）工作最高流速（t/h）不超过设备的最大工作流速。

（4）低温环境：要采用特殊的保温措施或采用特殊的紫外线杀菌设备，使用温度要达到 5℃以上。室温为 20～25℃的使用情况下，紫外线 C（253.7nm）辐射强度杀菌效果最好。

8.4.2　运行管理与养护

（1）根据紫外线灯管的使用期限和光强衰减规律，使用至紫外线灯管标记寿命的 3/4 时间时即应更换灯管，有条件的应定期检测灯管的输出光强，没有条件的可逐日记录使用时间，以便判断是否达到使用期限；超过使用寿命的紫外线灯管即使仍发光，但可能已不具有有效杀菌的功能。

（2）运行中经常观察产品的窥视孔，确保紫外线灯管处于正常工作状态，但切勿直视紫外光源。暴露于紫外灯下的工作人员应穿防护服，戴防护眼镜；紫外线消毒器工作的房间应加强通风；水未放空的紫外线消毒器再次启用时，应先点亮 5min 后再通水。

（3）由于光化学作用，长期使用后紫外线消毒器的石英玻璃套管与水接触部分会结垢，若不及时清洗会降低紫外线的穿透能力，大大降低杀菌效果。沉淀在石英套管上的水垢主要成分为氧化铁、碳酸钙等，可按厂家说明小心取出石英管，用适量的清洗剂（如稀盐酸、柠檬酸）清洗除垢；有的厂家在紫外线消毒器中安装了自动清洗除垢系统，当石英套管结垢后，自动检测的照射强度下降到一定程度，就会自动启动清洗系统，一般为一个月清洗一次。

8.5　臭氧消毒设备

8.5.1　设备特点与适用范围

8.5.1.1　臭氧消毒的特点

1. 臭氧消毒的优点

（1）氧化能力强，能在消毒时同时解决许多其他的水质问题。臭氧的氧化能力比氯大 50%，在消毒的同时可有效去除或降低味、臭、色和金属离子问题。

（2）杀菌效果显著，作用迅速。据称臭氧杀菌比氯快 300～3000 倍，消毒效率高于常用的液氯和次氯酸钠约 15 倍，消毒接触时间通常只需 0.5～1min。

（3）臭氧消毒效果受水质影响较小。温度的综合影响并不明显。臭氧对 pH 值的适应范围比氯和二氧化氯都广，当浊度低于 5NTU 时浊度对消毒效果的影响也不大。

（4）广谱、高效。臭氧能迅速杀灭变形虫、真菌、原生动物和一些耐氯、耐紫外线和耐抗生素的致病生物。

（5）消毒处理对健康的影响较小。臭氧能在消毒的同时氧化一部分有机杂质，去除消毒副产物的前体物质。通常认为臭氧处理不会增加被处理水的致突变活性，一般的观点是对人体健康而言，使用臭氧消毒要比使用氯或二氧化氯安全。

2. 臭氧消毒的不足

(1) 不够稳定，容易自行分解，半衰期短，呈一级反应规律。因此，在水中臭氧没有持续的杀灭能力。

(2) 设备系统比较复杂。臭氧的生产系统构成设备较多，工艺复杂，运行控制和维护要求高，对操作管理人员的技术水平要求较高。

(3) 能耗、投资、成本较大。与传统加氯系统相比较，臭氧的设备投资较高，电耗和运行费用较大。

(4) 消毒系统应变能力差。与加氯比较，水量、水质变化时较难调节臭氧的投加量，只适合于水量水质稳定的小规模系统。

(5) 空气环境污染的可能性。臭氧发生器排出气体中的臭氧浓度仍可达 $0.055\% \sim 0.3\%$，尾气必须经处理后才能安全排放，如处理不当，可能会形成空气污染。

采用现场发生制臭氧的方法，主要优势为：原料易购置（电解法）或不需购置（电晕法），操作简便，管理简单，灭菌能力强。主要劣势为：臭氧发生单元不能连续变量制取臭氧（部分较好的设备，只能做到通过组件控制，跳挡式变量制取），造成臭氧生产量大于需要量；投加单元，虽然可以做到变量投加，但溶解灌内的臭氧浓度不稳定，特别是小流量时易造成过量投加，对溴化物较高的原水易造成溴酸盐副产物超标；另外，臭氧在管网中的衰竭较快。

8.5.1.2　臭氧消毒的适用范围

单一臭氧消毒，通常仅适合于供水规模 $1000\mathrm{m}^3/\mathrm{d}$ 以下配水管网较短的小水厂（建议 2km 以内），以及原水中溴化物含量较低（建议 0.02mg/L 以内）的情况。

在应用臭氧进行消毒时，应特别注意以下臭氧消毒不适用的情况：

(1) 水中溴化物、有机物等含量过高，易生成溴酸盐、甲醛等副产物而不适用。建议采用臭氧消毒时，对原水中的溴化物进行检测。当溴化物含量超过 0.02mg/L 时，存在溴酸盐消毒副产物超标的风险，这时应进行臭氧投加量与溴酸盐消毒副产物相关性试验，再确定能否选用臭氧消毒。

(2) 不适用于 pH 值含量过低水的消毒，此时羟基自由基产生量较小。

(3) 不适用于温度过高或过低水的消毒。水温过高会降低臭氧在水中的溶解度，加快臭氧的分解速度；水温过低会降低羟基自由基反应的速率。

(4) 不适用于浊度过高水的消毒，因为浊度会掩蔽微生物。

8.5.2　运行管理与养护

(1) 严格按产品说明书要求进行运行操作管理，空气中和水中臭氧浓度量测必须采用专用量测仪器（空气中臭氧量测浓度为 $1\sim50mg/L$；水中臭氧量测浓度为 $0.01\sim1.0mg/L$）。

（2）保持臭氧发生器系统及投加系统管道气、水通畅，阀门启闭灵活。每日检查发生器系统的部件、管道接口有无泄漏现象，严防跑、冒、滴、漏，消毒间应无明显的臭氧气味，保持环境和设备清洁。

（3）定期保养、检修，每年对臭氧发生器、投加管道和附件进行一次恢复性修理。按时进行大修理，更换易损部件。

8.6　其他消毒设备

8.6.1　液氯消毒设备

8.6.1.1　设备特点与适用条件

液氯易溶于水，与水生成次氯酸，并进一步离解成次氯酸离子与氯离子。氯消毒主要用过次氯酸的氧化作用，破坏细菌体内的酶，从而灭活细菌。液氯在常温常压下极易气化成氯气，呈黄绿色。在 0℃ 和 101.325kPa 时，每 1mL 氯气约重 3.2mg，重量约为空气的 2.5 倍，因此当它在室内泄漏后，就会把空气排挤出去，并在室内累积起来，因此必须在加氯间较低位置设置排气扇。氯气有毒，使用时需注意人身安全，防止泄漏。

氯具有很强的氧化能力，消毒效果好，可用时去除水中色、臭、味和有机物。不足之处是微污染水进行消毒时，会与水中有机物形成消毒副产物如三氯甲烷、卤乙酸等致突变物。

8.6.1.2　液氯消毒注意事项

（1）采用加氯机投加液氯，滤瓶内的液氯不能用尽，因为水倒灌入钢瓶会引起爆炸。为防止水倒灌情况的发生，加氯间应有校核氯量的磅秤。

（2）在加氯过程中，一般把液氯钢瓶放在磅秤上，由钢瓶重量的变化来推断钢瓶内的氯量。液氯气化要吸热，外界环境气温较低时，液氯气化的产气量不足，可用 $15\sim25℃$ 温水淋洒氯钢瓶进行加热。但切忌用火烤，也不能使温度升得太高。

（3）当氯钢瓶因意外事故大量泄漏氯，难以关闭阀门时，必须立即采取应急办法进行处理：小钢瓶可投入水池或河水中，让氯气溶解于水里，但这种方法会杀死水中的生物；另一种方法是把氯气接到碱性溶液中予以中和，每 100kg 氯约用 125kg 烧碱（氢氧化钠）或消石灰，或 300kg 纯碱（碳酸钠）——烧碱溶液用 30% 浓度，消石灰溶液用 10% 浓度，纯碱溶液用 25% 浓度。在处理事故时，必须戴上防毒面具，保证操作者的人身绝对安全。

8.6.1.3　运行管理与养护

1. 液氯投加系统运行管理

（1）液氯投加系统应配备必要的压力表、台秤、加注计量仪表。运行人员必须熟悉并掌握加氯系统的各种设备、仪表、器具的性能与技术要求，严格按操作规程进行作业。

（2）农村水厂使用的钢瓶大小要与水厂规模相匹配。液氯钢瓶使用时间以不超过 2 个月为好。

（3）使用、贮存或已用完的液氯钢瓶不得被日光直晒，氯瓶的阀门在任何情况下不得被水淋，要有避光、防雨设施。

（4）使用氯瓶时，瓶上应挂有"正常使用"的醒目标牌，当液氯钢瓶内的液氯剩余量为原装液氯重量的 1％时，即应调换满装液氯钢瓶，以防水倒灌进入空氯瓶引起爆炸。

（5）根据出水量变化和用户对出厂水氯味的反馈，在保证符合国家生活饮用水卫生标准前提下，适当调整加氯量。

2. 日常检查保养

（1）每天检查氯瓶针型阀是否泄氯（涂上氨水，如有泄氯，会冒出呛人的氯化铵白烟），发现异常及时处理。

（2）每天检查台秤是否准确，保持干净。

（3）每天检查加氯机工作是否正常，并检查弹簧膜阀、压力水设备、射流泵、压力表、转子流量计等工作状况。

（4）每天检查输氯管道、阀门是否漏气并维修。

（5）检查加氯间灭火工具及防毒面具放置位置及完好情况，检查碱池内碱液是否有效。

3. 定期维护

（1）每月清洗一次加氯机的转子流量计、射流泵、控制阀、压力表等。

（2）2～3 个月清通和检修一次输氯通道，每年涂漆一次。

（3）每年检查维修一次台秤，并校准。

（4）定期更换加氯机易损部件，如弹簧膜阀、安全阀、压力表等。

8.6.2　漂白粉消毒

8.6.2.1　设备特点与适用条件

漂白粉消毒作用于液氯相同。市售漂白粉有效氯含量为 20％～30％，但漂白粉不稳定，易在光照和空气中发生水解，使有效氯减少。漂白粉消毒具有设施简单、投资少、药剂容易获取、使用方便等特点，漂白粉溶液投加点可设在入清水池管道上，也可直接将漂白粉澄清液投加在清水池中。漂白粉消毒适用于单纯供水工程。

8.6.2.2　运行管理与养护

（1）运行人员要注意摸索总结出厂水、管网末梢水余氯合格时漂白粉溶液投加量与水厂出水量之间的关系和规律，以确定最适宜的漂白粉溶液投加量。

（2）漂白粉溶液投药箱（缸）应加盖密封，避免风吹、日晒，防止有效氯的损耗。每次漂白粉溶液使用完，应清理干净溶药箱（缸）。妥善处置废渣，避免环境污染和此生危害的产生；刷洗液可用于下次漂白粉溶液的配制。

（3）尽量做到溶药箱（缸）中漂白粉不结块、无结垢，及时彻底排渣；如发现管道堵塞或结垢，可用稀盐酸清洗。

（4）每日检查溶药和投药设备有无破损，检查水位计、搅拌机、阀门是否正常，并擦拭清洁。每月对投药管冲洗、疏通一次，定期对搅拌机进行维护。

（5）每年对投药设备做一次解体检查，更换易损部件，并进行防腐处理。

第 9 章

电气与自控装置

9.1 电气设备

9.1.1 变压器

9.1.1.1 变压器结构

变压器是利用电磁感应的原理来改变交流电压的装置。主要构件是初级线圈、次级线圈和铁芯（磁芯），主要功能有电压变换、电流变换、阻抗变换、隔离、稳压（磁饱和变压器）等，按用途可以分为配电变压器、电力变压器、全密封变压器、组合式变压器、干式变压器、油浸式变压器、单相变压器、电炉变压器、整流变压器等。变压器是变换交流电压、交变电流和阻抗的器件，当级线圈中通有交流电流时，铁芯（或磁芯）中便产生交流磁通，使次级线圈中感应出电压（或电流）。图 9 - 1 为变压器结构示意图。

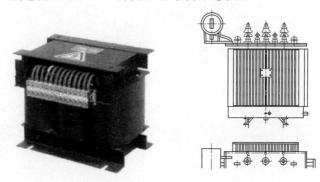

图 9 - 1　变压器结构示意图

9.1.1.2　变压器运行注意事项

(1) 变压器的工作电压，一次侧，应在额定值 $-5\%\sim +5\%$ 范围内变动；二次侧，可在额定电流内运行。

(2) 变压器的工作负荷应符合以下规定：

1) 运行电流在额定值范围内，油浸风冷式变压器工作不超过额定负荷的 70% 或变压器顶层油温不超过 55℃ 时，可停止风扇运行；其允许负荷和持续时间制造厂没有规定时，应符合《电力变压器运行规程》(DL/T 572—2010) 条的规定。

2) 变压器的昼夜负荷率小于 1 时，在高峰负荷期间，变压器的允许负荷倍数和过负荷持续时间应符合《电力变压器运行规程》(DL/T 572—2010) 规定。

3) 夏季最高峰和低于变压器的额定容量时，则每低 1%，可允许冬季过负荷 1%，但不应超过 15%。

4) 上述 2)、3) 中所述负荷可以相加，但总的过负荷对油浸自冷和油浸风冷式变压器不应超过 30%。

5) 对变压器允许事故过负荷，制造厂没有规定时，应符合《电力变压器运行规程》(DL/T 572—2010) 第 30 条的规定。

6) 变压器并列运行空载时，环流应符合有关标准的规定；带负荷时，负荷电流应按照容量成比例分配。

7) Y/Y0-12 连接的变压器，其低压侧中性线电流不得超过低压相线额定电流的 25%，有特殊规定者除外。

(3) 变压器运行时上层油温不宜超过 85℃。

(4) 变压器运行时，应做到每两周至少巡视一次。在环境潮湿、脏污或恶劣天气的情况下，应增加巡视次数。在接班时，应检查气体保护装置的信号动作，必须坚持油枕和气体继电器的油面。

(5) 在变压器运行中，应检查检查以下项目：

1) 三相电压变化情况。

2) 变压器运行温度、声响是否正常。

3) 套管表面有无积灰、破裂和放电痕迹。

4) 油位计是否清洁，油位是否符合环境温度下的位置。

5) 呼吸器内的吸潮剂是否达到饱和状态，集泥器积集油泥和水的状况。

6) 热虹吸过滤器变色硅胶是否有效，系统有无漏油。

7) 防爆管隔膜有无破损和裂痕。

8) 变压器通风冷却装置是否正常。

9) 变压器外壳接地是否完好。

10）检查变压器室通风口、门窗、屋顶等是否完整。

（6）运行中出现以下情况之一时，应立即断开变压器：

1）变压器内部有强烈的、不均匀的声响和爆裂声。

2）在正常负荷和正常冷却条件下，油温不断升高。

3）油枕向外喷油或防爆管喷油。

4）变压器严重漏油。

5）套管上出现大量碎块和裂纹，滑动放电或套管有闪络痕迹。

6）变压器着火。

9.1.1.3　变压器保养与维护

对于油浸式变压器，处于运行或停运的变压器每年例行保养一次，停止运行的变压器在投入使用前增加保养一次，将保养结果详细记录后，交付资料室保存。

保养步骤如下：

（1）断开待保养变压器低压侧断电器，拉下隔离开关，在手把上悬挂相应的标示牌。

（2）断开变压器高压侧的负荷开关，确认在断开位置后合上接地刀，并完成开关的安全保险和悬挂相关标识牌。

（3）进入油变压器室，首先应该用高压验电器确认该台变压器是否在停电状态，然后拉开高压隔离刀，再检查外壳、瓷瓶及引线有无变形现象，有破损的应进行更换；油位是否正常，如有漏油现象，应更换胶垫；检查硅胶是否有效，如有变色或严重失效，应立即更换。

（4）重新紧固引线端子、销子、接地螺丝，接入线螺丝，如有松动，应拆下螺丝用细平锉轻锉接触面，用手触摸无任何凹凸不平的感觉后，用干净的布条擦去灰尘，抹上凡士林，换上新的弹簧垫圈，紧固螺丝。

（5）检查变压器周边照明、散热、除尘设备是否完好，并用干净的布擦去变压器及瓷瓶上的灰尘。

（6）检查变压器高压侧负荷开关，确保操作灵活，接触良好，传动部分做润滑处理。

（7）用2500V的摇表测量变压器高低压线圈绝缘阻值（对地和相间），确认符合要求（在室温30℃时，10kV变压器高压侧大于20MΩ，低压侧大于13MΩ）。在测试前，应接好接地电线，测定完毕后，应进行放电。

（8）检查变压器室及变压器有无遗留工具，无误后，合上高压侧隔离开关，撤离现场。

（9）拉开高压接地刀，检查接地处于断开位置无误后，合上高压负荷开关，让变压器试运行，并取下高压侧标识牌，注意在断开或合上变压器高压负荷开关时，现场必须有两人以上。

（10）干式变压器的保养规程与油浸式的保养大同小异。

保养变压器的注意事项：

（1）确保变压器使用环境，在无腐蚀性的环境中运行，环境温度应在－30～＋40℃，风速不大于35m/s。在变压器高压侧如设高压负荷开关，操作人员应将变压器侧三相短接，并随时作操作记录。

（2）变压器高压操作人员应穿绝缘鞋，戴绝缘手套进行。

（3）防止向变压器反送电及向变压器工作中的母排放电。

9.1.2　配电设备

9.1.2.1　低压空气开关

低压空气开关（也称自动空气开关）以空气作为灭弧介质，广泛用于线路或单台用电设备的控制和保护，由触头系统、灭弧室、传动机构及保护装置等部分组成。它具有良好的灭弧性能，既能接通和断开正常电流，也能自动切断过载或短路电流，但操作比较复杂，不宜作频繁启动。图9-2为低压空气开关结构示意图。

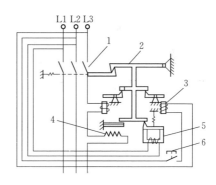

图 9 - 2　低压空气开关结构示意图

1—触点；2—联锁；3—衔铁；4—加热丝；5—欠压脱扣器；6—按钮

9.1.2.2　低压刀开关

低压刀开关又称低压隔离刀闸，结构最简单，一般采用手动操作，是低压配电装置中应用最广的一种电器。普通刀开关不能带负荷操作，仅起隔离电源的作用，提供一个明显的断开点，以保证检修、操作人员的安全，但装有灭弧罩的或在动触头上配有快速辅助触头（起灭弧作用）的刀开关可以切断小负荷电流。

低压刀开关的基本结构由操作手柄、底板、接触夹座和主刀片等组成。配电柜中常用的刀开关有中央手柄和中央杠杆操作机构式和侧面手柄式。

低压系统中，还常用一些刀开关和熔断器组合控制设备，如胶盖闸刀、铁壳开关，一般多用在不重要的线路中，作为局部设备或线路的控制电器。图9-3为低压刀闸开关结构示意图。

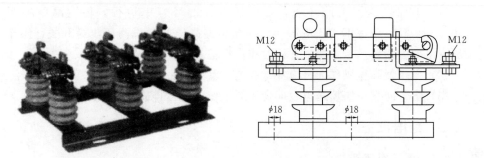

图9-3　低压刀闸开关结构示意图

9.1.2.3　低压熔断器

低压熔断器广泛用于500V以下的电路中，作为电力线路、电动机或其他电气设备的短路及连续过载情况下的最简单的保护电器。

低压熔断器由熔断管、熔体和触座三部分组成。熔断器动作时限具有反时限特点，即过电流倍数越大，动作时限越短。例如，对于铅、锡、锌、铝类熔体，一般通过熔体电流为它的额定值1.3倍以下时，不动作；1.3～1.4倍时，约1h后动作；1.5～1.6倍时，约30min后动作；2.5～3.0倍时，约10s后动作。图9-4为低压熔断器结构示意图。

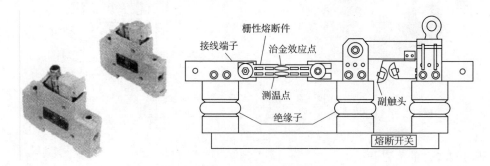

图9-4　低压熔断器结构示意图

9.1.2.4　配电设备维护保养

配电设备运行中，工作电压、工作负荷、温度控制均要符合有关规定。其维护保养要注意以下问题：

（1）清除各部位、各部件的积尘、污垢。

（2）母线表面光洁平整，无破损、裂痕。

（3）架构及各部位螺栓应紧固。混凝土架构应无严重裂纹和脱落，钢架构应无锈蚀。

（4）各部位瓷绝缘性能好。

（5）各导电部分连接点应紧密。

（6）充油设备出气孔应畅通，油量不足应补充，油变质要及时更换。

（7）操作和传动机构的各部件应完好、无变形，各部位销子、螺丝等紧固件不得松动和短缺，分、合闸必须灵活可靠。

（8）各处接地线应完好，连接紧固，接触良好。

（9）二次回路导线绝缘电阻值大于 $1M\Omega$，潮湿场所，不得低于 $0.5M\Omega$。

（10）抽屉式和手车式配电柜、电力电容器、低压电器过电压保护装置、控制信号直流盘、继电保护装置等均需要按照规定进行检查。

9.1.3　变频调速装置

变频调速器是通过改变电动机电源的电压和频率，使电动机转速发生变化，实现无级调速。水厂应用变频调速技术是根据用水量的变化需求，自动调节水泵的出水量，保证配水管网的压力维持基本不变，满足水泵实现闭环 PID（比例、积分、微分）自动调节控制。图 9-5 为变频调速器示意图。

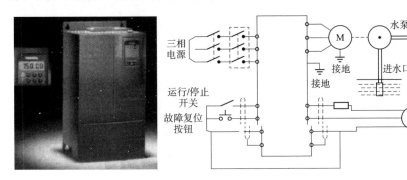

图 9-5　变频调速器示意图

9.1.3.1　变频器的基本工作原理

变频器的主电路是给水泵电机提供调压调频电源的电力变换部分。主电路大体可分为两类：一类是电压型，将电压源的直流变换为交流，直流回路的滤波是电容；另一类是电流型，将电流源的直流变换为交流，其直流回路滤波是电感。变频器由四部分构成：将工频电源变换为直流功率的"整流部分"，吸收在变流器和逆变器产生的电压脉动的"平波滤波部分",将直流功率变换为交流功率的"逆变部分",执行驱动的控制电路。

9.1.3.2　变频器的结构

1. 整流部分

这一部分是将交流电源整流变为直流电源。一般使用可控硅或者是二极管的变流器,它把工频电源变换为直流电源。也有用两组晶体管变流器构成可逆变流器,由于其功率方向可逆,可以进行再生运转。

2. 平波滤波部分

该部分将整流后的脉动直流电源滤波后变为平稳直流电。在整流器整流后的直流电压中,含有电源 3～6 倍频率的谐波电压,逆变产生的脉动电流也使直流电压波动。为了抑制电压波动,采用电感和电容吸收脉动电压(电流)。

3. 逆变部分

同整流器相反,逆变器是将直流功率变换为所要求频率的交流功率,以所确定的时间程序,使 6 个 IGBT(绝缘栅双极型晶体管)开关器件导通、关断,就可以得到 3 相交流输出。逆变器将滤波后的直流电按电机的转速要求提供连续可变的电压和频率,控制水泵电机变速运行。

4. 控制电路

它是给水泵电动机供电的主电路,提供控制信号的回路,由频率/电压的"运算电路"、主电路的"电压、电流检测电路"、电动机的"速度检测电路"、将运算电路的控制信号进行放大的"驱动电路",以及逆变器和电动机的"保护电路"等组成。

(1) 运算电路:将外部的速度、转矩等指令同检测电路的电流、电压信号进行比较运算,决定逆变器的输出电压、频率。

(2) 电压、电流检测电路:与主回路电位隔离检测电压、电流等。

(3) 驱动电路:驱动主电路器件的电路,它与控制电路隔离,使主电路器件导通、关断。

(4) 速度检测电路:以装在异步电动机轴上的速度检测器的信号为速度信号,送入运算回路,根据指令和运算可使电动机按指令速度运转。

(5) 保护电路:检测主电路的电压、电流等,当发生过载或过电压等异常时,防止逆变器和异步电动机损坏,使逆变器停止工作或抑制电压、电流值。

9.1.3.3　变频调速器的特点

(1) 采用多重化 PWM(脉冲宽度调制)方式控制,输出电压波形接近正弦波。

(2) 整流电路的多重化,脉冲数多,功率因数高,输入谐波小。

（3）模块化设计，结构紧凑，维护方便，增强了产品的互换性。

（4）直接高压输出，无需输出变压器。

（5）极低的 dv/dt（速度变化率）输出，无需任何形式的滤波器。

（6）有光纤通信接口，提高了产品的抗干扰能力和可靠性。

（7）功率单元自动旁通电路，能够实现故障不停机功能。

现代电力电子技术及计算机控制技术的迅速发展，促进了电气传动的技术革命。交流调速取代直流调速，计算机数字控制取代模拟控制已成为发展趋势。交流电机变频调速是当今节约电能、改善生产工艺流程、提高产品质量以及改善运行环境的一种主要手段。变频调速以其高效率、高功率因数，以及优异的调速和启制动性能等诸多优点而被农村水厂建设广泛应用，是有发展前途的调速方式。

9.2　自动控制装置

自动控制装置主要由水质监测设备、水压监测设备、水量（水位）监测设备组成。供水工程自动化控制系统软件平台是一个综合的供水信息化管理平台，可以将自来水公司管辖下的取水泵站、水源井、自来水厂、加压泵站、供水管网等重要供水单元纳入全方位的监控和管理。

借助供水工程自动化控制系统，供水调度中心可远程监测各供水单元的实时生产数据和设备运行参数；可远程产看重要生产部位的监控视频或监控照片；可远程管理水泵、阀门等供水设备。

9.2.1　监控系统类型与监测指标

监控系统主要分为闭路监控和远程监控系统，监测指标主要分为水质检测，水压监测和水量（水位）监测其其他监测指标。

9.2.2　水质监测设备

水质监测设备通过对池水的 pH 值、余氯、臭氧、ORP 等探头对相应指标进行检测并将检测值发送给水质监测/控制仪，由水质监测/控制仪实现自动报警、显示、调整、控制相关设备实现水质维护功能的系统。用于水处理系统中的自动水质检测设备主要包括：在线 pH 值监测仪、在线余氯监测仪、在线残余臭氧监测设备、ORP 检测探头、温度控制器、水质监测/控制仪。自动水质检测设备，一般配合计量泵等自动投药计量设备使用。温度控制器一般配合加热设备使用。使用臭氧时需要监测空气中臭氧含量的设备。游泳池应配备人工检测手段，一般采用水质测试盒。

9.2.3　水压监测设备

水压监测设备通过探头对相应供水设备或供水管网的水压进行监测，并将检测值发给水压监测仪，从而实现自动报警、显示、调整、控制相关设备实现水压维护。

9.2.4　水量（位）监测设备

水量（位）监测设备适用于从江河、湖泊和地下水取水的各类取水户水资源取用水计量监控。

第 10 章

安全生产与环境保护

10.1 安全生产

做好农村水厂的安全生产管理既是国家法规政策的强制要求，也是规范生产运行、保护劳动者的生命安全、身体健康和社会稳定的需要。安全生产在一定程度上也关系着水厂供水安全目标能否顺利实现。农村水厂生产过程中会使用可能对人体健康和安全构成威胁的消毒药剂，有些药剂为易燃易爆物品，运输、存储、配制、投加等诸多环节都涉及安全生产管理。水厂的机电设备操作运行也涉及防触电、防火、防人身伤害等要求。安全生产管理的效果如何，主要取决于管理者和员工对安全的认识水平和责任感。安全生产管理的基础是"全员参与"。

10.1.1 安全教育

安全生产教育是指对农村水厂人员进行安全生产法律、法规及安全专业知识等方面的教育，安全意识的培养以及岗位技能训练、应急救援演练等。安全生产检查是消除农村水厂安全隐患，防止事故发生和职业危害，改善劳动条件的重要手段，也是安全卫生管理工作的一项重要内容。

10.1.1.1 安全教育的内容

对农村水厂主要负责人的安全教育，重点在国家有关方针政策、安全法规、标准的教育。通过培训使之能树立安全生产第一的意识，承担起"安全生产第一责任人"的责任。对职工的安全教育，主要是掌握安全生产的知识和规律，训练职工的生产安全技能，以保证在水厂生产过程中安全操作、提高工效。安全教育的形式包括：日常教育、季节教育、节日教育、检修前的安全教育等。

归纳起来，安全教育的内容主要包括以下几个方面。

1. 劳动保护方针政策教育

对职工进行国家有关安全生产的方针、政策、法令、法规、制度的宣传教育，通过教育提高全体职工对安全生产重要意义的认识，了解和懂得国家对安全生产的法律、法规和水厂各项安全生产规章制度的内容，贯彻执行"安全第一，预防为主"的方针，依法进行安全生产，依法保护自身安全与健康权益。

2. 安全生产情感教育

要根据职工的心理特点，对职工进行安全生产的情感教育，用亲情编织安全网络，用真情教育职工，用感情呼唤安全行为，促使职工树立做好安全生产工作的情感和情绪，使职工明白安全生产与自己的安全、健康及家庭幸福密切相关，与集体的荣誉密切相关。以此来激发职工做好安全生产工作的良好情感和情绪，用心搞好安全生产。

3. 安全技术知识教育

安全技术知识教育包括生产技术知识、一般安全技术知识和专业安全技术知识教育。生产技术知识的主要内容是：班组的生产概况，生产技术要点，作业方法或工艺流程，与之配套的各种机器设备，所用药剂的性能和有关知识，本厂操作人员在制水生产中积累的经验，重点是与安全生产有关的生产技术知识。

一般安全技术知识主要包括：班组内危险设备和区域，安全防护基本知识和注意事项；本水厂有关防火、防燥、防尘、防毒等方面的基本要求，个人防护用品性能和正确使用方法；本岗位各种工具、器具和安全防护装置的作用、性能，以及使用、维护、保养方法等有关知识。

专业安全技术知识教育，是指对某一工种的职工进行必须具备的专业安全知识教育。对农村水厂来说，主要包括净水、消毒剂的购买、加工制作、储存、运输等各个环节中的防火、防泄漏等方面的内容，机电设备使用中的防雷击、防触电等也包括在内。

通过教育，可提高生产技能，防止误操作。掌握操作人员必须具备的安全技术知识，能适应对水厂危险因素的识别、预防和处理；而对于特殊工种的工人，则是进一步掌握专门的安全技术知识，防止受特殊危险因素的危害。

4. 安全管理理论和方法的教育

通过教育使水厂负责人乃至中层干部掌握基本的安全管理理论和方法，提高安全管理水平；使操作员工了解事故发生的一般规律，增强遵章守纪的自觉性。总结以往安全管理的经验，推广现代安全管理方法的应用。

5. 典型案例和事故教训教育

典型经验教育是在安全生产教育中结合典型案例进行的教育。它具有榜样的作用，有影响力大、说服力强的特点。结合这些典型案例进行宣传教育，可以对照先进找差距，有现实的指导意义。

在安全生产教育中结合厂内外典型事故教训进行教育，可以直观地看到由于事故给受害者造成的危害，给家人带来的悲剧影响，给水厂正常生产和财产造成的损失，使职工能从中吸取教训，举一反三，经常检查各自岗位上的事故隐患。熟悉本班组易发生事故部位，从而采取措施，避免各种事故的发生，还可以有针对性地开展预防事故演习活动，以增强职工控制事故的能力。

6．新入厂职工的安全教育内容

（1）熟悉班组的生产特点、作业环境、危险区域、设备状况、消防设施等。重点介绍高温、高压、易燃易爆、有毒有害、腐蚀、触电等方面可能导致发生事故的危险因素，本班组容易出事故的部位和典型事故案例的剖析。

（2）讲解本工种的安全操作规程和岗位责任。重点讲思想上应时刻重视安全生产，自觉遵守净水消毒药剂加工储存、投加等安全操作规程，不违章作业；爱护和正确使用机器设备和工具；介绍作业环境的安全检查和交接班制度；告诉新职工出了事故或发现了事故隐患，应及时报告领导，采取措施。

（3）讲解如何正确使用、爱护劳动保护用品和文明生产的要求。强调在有毒有害物质场所操作，佩戴符合防护要求的面具等。

（4）工作场地要文明整洁。药剂材料、零件、工具应摆放得井井有条，物件堆放要整齐，及时清除通道上的杂物，保持通道畅通。

（5）凡挂有"严禁烟火""有电危险""易燃易爆""有人员作业，切勿合闸"等危险警告标志的场所，或挂有安全色标的标记，都应严格按要求执行。严禁随意进入危险区域和乱动闸门、闸刀等设备。

（6）实行安全操作示范。组织重视安全、技术熟练、富有经验的老工人进行安全操作示范，边示范、边讲解，重点讲安全操作要领，说明怎样操作是危险的，怎样操作是安全的，强调不遵守操作规程将会造成的严重后果。

培训内容既要全面，又要突出重点，讲授要深入浅出，最好边讲解、边参观、边试操作。培训后进行考试，以便加深印象。

10.1.1.2　安全教育的要求

安全教育与安全生产有着密切的关系，要搞好安全生产必须重视安全教育工作，要充分认识到安全教育在安全生产中的重要性、必要性和强制性，在安全教育培训的过程中不断探索培训的方法和途径，只有真正重视和持久地抓好安全教育培训，才能全面提高职工的综合素质。

1．安全教育需每天进行

班前会应讲解一天的工作内容和安全要求，并要求操作人员互相提醒检查、互相监督。提高工作人员"我要安全"的意识及"我懂安全"的技能，落实"我要安全"的责任，完成"我保安全"的任务，实现班组"三无"（个人无违章、岗位无隐患、班组无事故）。

2. 注重教育培训形式和效果

安全培训必须保证质量，切不可搞形式主义，走过场，满足于应付检查。要采取多样的、培训对象易于接受的形式，才能起到事半功倍的效果。培训教育应坚持"四化"：

（1）步骤程序化：从制订计划、挑选安排教员、教师备课、实施培训、建立培训档案等，均按步骤进行。

（2）内容规范化：在一个县级或地市范围内，尽量做到统一教材、统一教学大纲、统一考试试题、统一评分办法、统一建档保存。

（3）形式多样化：课堂培训、电视录像要结合案例宣传违章作业的危害性，启发学员进一步增强责任感。现场讲课，找隐患、找违章，提出整改措施，如何应对事故、急救演习。此外，还可利用电视、标语、宣传画等新闻媒体和宣传工具进行教育，利用安全知识竞赛、演讲会、研讨会、座谈会等多种形式进行广泛的连续性的安全教育。

（4）坚持安全教育全员化：安全培训教育应针对生产实际和职工的作业安全需求，采取集中与分散、班前会、专业会、脱产外培等多种形式，分析典型经验或事故案例，对要害岗位、特种作业人员、新上岗或换岗人员进行经常性安全知识和操作技能培训，不断增强职工自保、互保和联保责任意识，提高处理和防范事故能力和自我保护能力，从而避免和杜绝各类事故发生。

10.1.2　安全检查

安全生产检查是消除安全隐患，防止事故发生和职业危害，改善劳动条件的重要手段，是农村水厂卫生安全管理工作的一项重要内容。通过安全检查可以发现水厂生产过程的危险危害因素，采取措施，保证安全生产。安全检查是发动和依靠群众做好劳动保护工作的有效办法，是落实安全生产方针和法规，检查和揭露不安全因素的重要形式，也是预防和杜绝工伤事故，改善劳动条件的一项得力措施，还可以达到交流经验、互相促进、互相学习的作用。

10.1.2.1　安全检查的内容

为了保证农村水厂安全生产，要进行扎扎实实的安全生产检查。安全生产检查主要有以下内容。

1. 查思想、查纪律

检查水厂领导对安全生产工作是否有正确认识，是否真正关心职工的安全、健康，是否认真贯彻执行国家有关安全生产的法律法规，进而提高水厂领导的安全意识；检查职工"安全第一"的思想是否建立，提高职工遵章守纪，克服"三违"的自觉性；检查水厂领导与员工是否存在违反安全生产纪律的现象。

2. 查管理、查制度

检查安全生产责任制是否落实；安全组织机构和安全管理网络是否建立和发挥应有的作用；安全生产管理各项规章制度是否健全和落实；对水厂的安全机构、人员、职能、制度、经费投入等安全生产管理的效能进行全面系统检查。通过系统分析和检查，促使水厂完善安全生产管理、提高安全生产管理效能。

3. 查现场、查隐患

深入生产现场，检查劳动条件、生产设备、操作情况等是否符合有关操作规程安全要求；检查生产装置和生产工艺是否存在事故隐患等，提高设备设施的内在安全程度；检查易燃、易爆、易泄漏毒害物质的危险点，提高危险作业的安全保障水平；检查危险品保管，提高防盗防爆的保障措施；检查防火管理，提高全员消防意识和灭火技能；检查事故处理，提高防范类似事故的能力；检查个人劳动防护用品是否备齐及是否会正确使用，提高个体安全防护能力；检查安全生产宣传教育和培训工作是否经常化和制度化，提高全员安全意识和素质。

10.1.2.2 安全检查的方法

安全检查是手段，目的在于发现问题，及时整改，消除隐患。对安全检查发现的问题要按照"三定"，即定整改项目、定完成时间、定整改负责人的做法，及时进行整改，同时要对整改情况进行复查，确保彻底解决问题。安全检查的一般方法如下。

1. 经常性检查

经常性检查是指安全负责人、安全员和职工对安全工作进行的日查、周查、月查和抽查，其目的是辨别生产过程中物的不安全状态和人的不安全行为，通过检查加以控制和整改，以防止事故发生。

2. 定期安全检查

定期安全检查是有关部门根据生产活动情况组织的全面安全检查，如季节性检查、季度检查、年中或全年检查，还有节假日前的例行检查等。

3. 专业性安全检查

专业性安全检查是根据设备和工艺特点进行的专业检查，如药剂管理、防火防爆、制度规章、防护装置、锅炉设备、电器保安等专业检查。

4. 群众性检查

群众性检查是指发动群众普遍进行的安全检查，如安全月、安全日活动及群众性大检查。

另外，要求班组成员养成时时重视安全、经常注意进行自我安全检查的习惯，是实现安全生产，防止事故发生的重要方式。自我安全检查包括以下内容：工作区域的安全性，注意周围环境卫生，工序通道畅通；使用药剂材料的安全性，注意堆放或储藏方式等；工具的安全性，注意是否齐全、清洁、有无损坏，有何特殊使用规定、操作方法等；设备的安全性，注意防护、保险、报警装置情况，控制设施、使用规程等的完好情况；其他防护的安全，注意通风、防暑降温、保暖情况，防护用品是否齐备和正确使用，有无消防和急救物品等措施。

10.2　污泥废水处理

10.2.1　沉淀污泥与反冲洗污水的处理

10.2.1.1　沉淀池的污泥

不同形式的沉淀池净化同质同量的原水时，排泥量不同。平流式沉淀池排出泥较浓，排泥量为其总净水量的 0.5％左右，各种高速澄清池的排泥量为其总净水量的 3％左右。通常，平流式沉淀池排出泥浓度为 0.1～0.4（含水率99％～96％），各种澄清池排出泥浓度为 0.02～0.05（含水率 99.8％～99.5％）。不管任何类型的澄清池，它的贮泥能力较小，排出泥的含水率随原水的浊度变化、操作管理的不同有很大的变动。

沉淀池排出泥的化学需氧量和原水中悬浮物含量（SS）的关系极密切，化学需氧量主要取决于水中溶解性物质多少，如污泥在沉淀池中长期积存，排出泥中有机物的含量会增多。污泥在沉淀池中积存时间越长，其中的溶解氧含量越少。

10.2.1.2　污泥调节处理的运行控制与管理

在给水厂的污水和污泥处理系统中，首先是对污水和污泥作调节处理，调节处理一般通过排水池和排泥池来完成。

给水厂的滤池冲洗排水和沉淀池排泥都是间断性的，短时间内的排出量很大，并且均匀，如将其直接进行浓缩处理，所需的浓缩池体积庞大，而且管理也困难。因此，通常将滤池的冲洗排水先放入排水池中，将沉淀池的排泥先放入排泥池中，作一短时停留，再将需作浓缩脱水处理的污泥均匀地送入后部浓缩池。污水和污泥在排水池和排泥池中作停留过程中，可通过搅拌设备（或自然沉降），使污泥的质量基本趋于均匀，便于后部的浓缩和脱水处理。

1. 排水池

滤池的冲洗水处理方法有对其单独进行处理、将其作原水返送到一级泵房吸水井中和直接排入水体三种。不论采取哪种方法，设置排水池可使冲洗排水在水质和水盘上达到均匀化，便于对其处理或排放。冲洗水流入排水池是集中式的，即在短时间内一个滤池的冲洗排水完全流入排水池内。排水池的容积至少要大于单池一次冲洗排水量。

如给水厂中滤池个数很多，冲洗水排入排水池中的间隔时间很短，有时会接近连续流入状况。此时，最好仍能保证冲洗水在排水池中有2～4h的停留时间，冲洗水从排水池一侧不断进入，而澄清水从另一侧通过固定堰不断流出，上清液可作原水重复利用也可直接排入水体。此时，排水池犹如一个平流式沉淀池，水深在3.5m以上为佳，池底要设置沉淀污泥排出设备。有时也可将排水池设计成辐射状，似同辐流式沉淀池。

考虑到维修和清洗，排水池的数量不能少于两个，或将一个分成两格。排水池的容积在设计时要有一定的安全系数。

2. 排泥池

排泥池按其接纳的污泥不同可分成：接受沉淀池排出泥和从排水池中排出的冲洗水沉淀污泥或单接受沉淀池排出污泥。

如排泥池单接受沉淀池排出污泥，其容积至少等于沉淀池的一次排泥量；如排泥池还接受滤池冲洗排放水，其容量至少等于沉淀池的一次排泥量或滤池一次排水量中大者；如使二次排泥（或水、泥和水）的间隔时间较短，在上次排入泥（或排入水）还未完全流入后面处理设施时，又开始下一次的排泥（或排水），排泥池所需的容积应按具体情况计算。

如排泥池兼作浓缩污泥用，应通过沉降试验，确定污泥的沉降性能后，再决定污泥在排泥池中最适宜的停留时间、池深、池面积等。在排泥池中析出的澄清水，可用活动装置或固定堰收集，澄清水可作原水利用或可排入水体。在排泥池底部应设有排泥设备，将沉淀污泥引人浓缩或脱水设施中。

当排泥池单起调节作用，需将排泥池中的泥水全部送入后面的浓缩池中。此时应在池内设置搅拌设备，使进入浓缩池的污泥质地均匀。这种调节用的排泥池体积不要太大。机械搅拌设备的排泥池，如搅拌设备出故障，则污泥会在池中沉淀并变硬，此时可用高压水枪将其除尽。因此，在排泥池旁边要设置高压水龙头，作事故清洗用。

考虑到维修和清洗，排泥池的数量不能少于两个，或将一个分成两格。排泥池的容积在设计时要有一定的安全系数。

10.2.1.3　污泥浓缩脱水处理的运行控制与管理

由于给水厂的污泥一般较难脱水，为改善污泥的脱水性能，在污泥处理过程中，需进行各种前处理。作为脱水和浓缩处理的前处理方法很多，大体分成两类：加药剂和不加药剂。加药剂前处理有石灰处理、酸处理、碱处理、高分子絮凝剂和混凝剂处理几种；不加药剂前处理有热处理、冰冻解冻处理或天然干化场处理三种。

脱水处理的目的是使浓缩污泥的含水率进一步降低，体积变得更小，便于污泥的运输和最终处置，节约污泥最终处置的费用和场地。污泥最常用的脱水机械有：真空过滤机、压滤机、离心脱水机等，设备同污水中污泥处理；干化常见方法有天然干化和加热干化炉干化。目前污泥脱水处理方法，以天然干化和加压过滤使用较多。

10.2.1.4　污泥干化的运行控制与管理

1. 污泥的天然干化

污泥天然干化场是利用天然条件对污泥进行浓缩、脱水和干化处理的场所。主要有以下几种：

（1）污泥天然干化塘。污泥天然干化塘是利用给水厂附近的峡谷、洼地作贮泥塘，污泥在此通过蒸发和渗透（渗透作用往往很小）得以干燥，上部析出水可用回收作原水利用或排入水体。沉淀污泥可未作任何处理直接排入这类贮泥塘中，直到放满为止，将上清液引出，待污泥干化后将其疏导移出。有时也可在上面覆一层土，将其就地埋置。如峡谷洼地较深，待一层污泥干化后，上部可再次放泥，直至全部填满。

（2）污泥天然干化池。污泥天然干化池是人工建造的大面积的蓄泥设施，能大量积储污泥，并利用太阳热能使其中的水分蒸发，达到脱水干化的目的。从污泥干化池中析出的上清液可先流人集水井，然后将其送回给水厂，作原水利用，也可将其排入江河水体中。经干化池脱水的污泥可作埋弃处置或用泥泵将其送到面积更大的干化场作进一步脱水。为便于管理和使用，通常可将污泥天然干化池分成若干个区格（单元）。有的给水厂将沉淀池排出泥直接送入干化池中，污泥在其中浓缩、脱水及干化，析出的上清液可作原水使用。但干化池不能少于两个，以便轮流使用。

（3）带滤床的污泥天然干化场。带滤床的污泥天然干化池的一种进化形式。它是在天然干化池底部加设一滤水床，通过蒸发和渗透两个作用，使污泥得到脱水干燥。在污泥干化过程中，如滤床长期保持良好的透水性，渗透作用往往大于蒸发作用。因此，污泥的脱水速度较快，干化周期短，脱水污泥的含水率也比污泥池（塘）中脱水泥来得低。带滤床的污泥天然干化场的基建投资虽然比天然干化池（塘）高，但由于其脱水效率高，占地面积小，综合经济指标仍比污泥天然干化池（塘）好。因此，它的使用比污泥天然干化池（塘）要多。

带滤床的污泥天然干化场由池底、排水管、支撑层、过滤层、池壁和排水明沟或盲管等组成。

（4）污泥冰冻干化场。污泥冰冻干化场是利用天然条件，将冰冻解冻法用于污泥干化场中，使污泥脱水效果大大提高。在寒冷的北方地区，这是一种可取的污泥处理方法。污泥冰冻干化场是天然干化场演变而来。它的池底结构也可分成带滤床和不带滤床两种。因此，上述的天然干化场的各种要求均适用于冰冻干化场。

2. 污泥最终处置

泥饼的质量对其最终处置有很大关系。如条件许可，首先考虑对泥饼作陆上排弃、陆上埋弃、海洋投弃等就近处置，通过自然循环和自然力量来消化这些泥饼。若这些自然处置方法均不可行，则考虑对污泥进行干化和焚烧，对所得的干污泥资源化利用。采用较多的方法是陆上排弃，或作其他各种废弃物的覆土，或填充塘、谷和港湾。将泥饼作陆上埋弃，主要是提高泥饼的力学性能，使埋弃地能作各种用途使用。

污泥的最终处置方法对前面的处理方法有很大的影响。当最终处置方法发生改变，会使整个前处理工艺发生变化。随着工农业的发展和对环境保护的日益重视，污泥处理中所得的分离水和泥饼全部加以回收和利用，使给水厂的污染物实现零排放。

10.2.2 废水回收利用

10.2.2.1 分离水的处置

在污水和污泥的处理过程中，会得到大量的上澄清水和析出水（滤液），这些水总称为分离水。分离水如水质欠佳，需在处理系统中作重复处理；如水质较好，可作原水利用或直接排入水体。对快滤池冲洗水，不少给水厂直接进入絮凝池作原水重复利用。

当对分离水作原水再利用或直接排入水体时，往往可把排水池、排泥池、浓缩池的上清液和污泥脱水机的析出水汇集，加以再利用或排放。这样做是为了使分离水的利用或排放负荷趋于均衡稳定。也可将分离水排入排水池或排泥池中，用排水池或排泥池作为分离水的调节贮藏设施，在排水池或排泥池上设置上澄清水排出口，将上清液排入水体或作原水使用。

10.2.2.2 快滤池冲洗水直接作原水重复利用

从数量上来讲，快滤池冲洗排水在给水厂的污水和污泥系统中占的比例很大，因此如何对它妥善的处置，在给水厂的污水和污泥处理系统中是很重要的一环。给水厂快滤池冲洗水可直接送到沉淀池前部，作原水重复利用。快滤池冲洗水作原水利用，不但可节约药剂和电能、还能提高沉淀效果，尤其对于低浊度原水的给水厂，效果很明显。因此，此法在很多给水厂中得到了采用。但当将快滤池冲洗水作原水利用时，要考虑下面的问题：①回用的水量；②连续回送还是间歇回送；③间歇回送的间隔时间；④快滤池冲洗水在回送过程中会发生沉淀，因此要考虑回送系统的运行。

以低浊的地表河水为水源的某给水厂为例，快滤池冲洗水作原水重复利用的情况对比如下。表 10 - 1 是该给水厂以不同方法运行时的原水水质情况。因水源中有地下水补入，原水碱度较高，且含有少量的亚铁（Fe^{2+}）离子。原水中的浊物呈胶体状，粒径很细且分散度较高，属较难处理的低浊原水，净化时需加入大量的混凝剂。表 10 - 2 是快滤池冲洗水以不同方法返送利用时的净水水质对比情况。

表 10 - 1　　　　　　　　　　给水厂原水水质情况

原水种类	水 质 项 目						
	pH 值	碱度①/(mg/L)	浊度/NTU	色度/度	铁/(mg/L)	锰/(mg/L)	有否加氯
原水 A	7.4	42	5	16	0.64	0.09	有
原水 B	7.3	43	10	50	0.77	0.22	有
原水 C	7.3	42	7	35	0.60	0.18	有
原水 D	7.4	42	5	30	0.55	0.12	有
冲洗排水	7.3	42	30	280	2.50	2.20	有

注　1. 原水 A：不含有冲洗排水的原水（水源水）。

　　2. 原水 B：冲洗排水全部连续返送利用时和原水的混合水。

　　3. 原水 C：冲洗排水 1/2 量连续返送利用时和原水的混合水。

　　4. 原水 D：冲洗排水间歇返送利用时和原水的混合水。

　　5. 快滤池冲洗排水水量为给水厂总送水量的 5%。

①　以 $CaCO_3$ 计。

表 10 - 2　　　　　　　快滤池冲洗水作原水利用后净水情况

原水种类	PAC 投加量/(mg/L)	形成絮体（矾花）状态	矾花沉速/(mm/min)	过滤后水质	
				浊度/NTU	色度/度
原水 A	15～40	较好	15～40	小于 0.5	小于 2
原水 B	10～20	好	10～30	小于 0.5	小于 2
原水 C	10～20	好	10～30	小于 0.5	小于 2
原水 D	10～20	好	10～30	小于 0.5	小于 2

注　1. 原水 A 如混凝剂（PAC）加入量小于 15mg/L，净水效果恶化。

　　2. 将冲洗排水全部连续返送利用时，净水效果最好。此时混凝剂（PAC）最佳投量为 16mg/L。

　　3. 污泥的浓缩性能：冲洗水不返送利用时，混凝剂（PAC）投量为 25mg/L 时，污泥经 24h 沉淀浓缩，其团体物含量为 7g/L；如冲洗水全部连续返送利用时，混凝剂（PAC）投量为 16mg/L 时，经 24h 沉淀浓缩，其固体物含量为 11g/L。

从生产实践中可得到如下一些结论：

（1）在常用混凝剂中，聚合氯化铝的吸附污物能力为最强，有效时间也长。如取用聚合氯化铝作混凝剂，快滤池冲洗水作原水回收利用时的助凝作用较为明显，不但净水效果好，且药剂的节约量也比较大。

（2）对滤池冲洗排放水不断进行搅拌，使其中带有一定量的污浊物质，回送利用的净水效果好。

（3）滤池冲洗排放水全部回送，且均匀连续返送效果好。

（4）滤池冲洗排放水如按上述方法加以利用，混凝剂聚合氯化铝的用量可减少 10%～30%。

（5）滤池冲洗排放水返送利用后，给水厂的污泥产生量可减少 10%～20%，沉淀污泥浓度可提高 10%～30%。

10.2.2.3　分离水水质问题及对策

分离水的水质问题不能忽视，尤其是对含有有机高分子絮凝剂的分离水和含浊量很大的脱水机析出水。分离水中以脱水滤液的质量最差。为了改善污泥的脱水性质，往往在对污泥进行机械脱水前，要加入各种药剂（如消石灰）。所以，脱水滤液的 pH 值和碱度往往极高。同时，由于滤布的破损（在使用过程中，这是不可避免会发生的），在滤液中，浊物的含量往往较高。和沉淀污泥相比，脱水滤液的化学需氧量较低，而生化需氧量极高。这是因为生化需氧量和化学需氧量的组成成分不同，组成化学需氧量的物质几乎不溶解于水，大多可以除去。为了除去脱水滤液中极高的生化需氧量，可对滤液作硫酸铝凝聚或活性炭吸附处理，用氯气作氧化处理也是一种行之有效的方法。

对质量较差的不能作直接排放或利用的分离水，常采用下面一些处理方法：

（1）如脱水过程中得到的析出水（滤液）中悬浮物含量较大，可将之先排入浓缩池中再澄清。

（2）如脱水机排出的析出水（滤液）中悬浮物含量极大，可将它排入浓缩池中，然后将浓缩池中的上清液排入排水池中，排水池的上清液再作回收利用或排放。

（3）对有机高分子絮凝剂含量较高的分离水，一般均排入浓缩池中作稀释处理，同时，排入浓缩池中的残留有机高分子絮凝剂对污泥浓缩也有一定的益处。

上述几种处理方法的特点是安全性强，中间有几个缓冲阶段，使排出的上清液水质较好。如果分离水是连续产生的，水质又较好，可不设贮藏池，直接将之返送到沉淀池作回收利用或排入水体。将分离水作原水使用应注意两个问题：一是分离水的水质和水质稳定性；二是分离水的水量和回收利用时水量的均匀性。

10.3　厂区环境管理

10.3.1　厂区环境的绿化和美化

　　厂区绿化是城乡绿化的重要组成部分，可以美化环境、陶冶情操，是水厂文明的外在标志之一。要根据当地的气候特点，因地制宜地选择树种，宜树则树、宜花则花、宜草则草，使植物充分发挥生态效益。

　　水厂自身的环境要做到"净化、绿化、美化和安全有序"，引入长效管理机制实现环境管理制度化。生产车间和管理设施以及职工的生活设施要常年保持整洁优美、安全有序。

10.3.2　减少周边环境对水厂的影响

　　水厂周边的环境管理和生态保护涉及供水水质的安全，直接影响到人民群众的饮水安全和身体健康，应当引起当地政府和有关单位的高度重视。通过加强宣传教育，广泛宣传这项工作的重要意义，引导水厂所在地群众自觉保护饮用水源。

　　水厂周边严禁违法建设污染水源的一切项目，特别是要清理排放有毒有害污染物的化工、农药、造纸、印染、皮革、养殖、旅游餐饮和生活污水的单位，分别采取关闭、迁移、改造等措施，恢复生态环境，确保水源地的水质良好。

　　在水厂的水源地保护区内，严禁污水灌溉，严禁施用剧毒农药，严格规范使用化肥和农药，防止滥用化肥农药对水源地的污染。

　　水厂水源地的上游严禁建设水泥、石灰、矿粉加工等企业。它们产生的粉尘尤其是重金属粉尘，将严重影响水源的水质。

10.3.3　水厂对环境的影响

10.3.3.1　水处理设施排污的影响

　　农村水厂在制取卫生合格的饮用水的同时，水处理工艺流程中所产生的污泥、废水需要排放，在这个意义上，水厂也是一个排污单位。水厂排泥水中的污泥干固体含量，由净水过程中截留去除的原水中泥沙、腐殖质、藻类等悬浮杂质和水厂投加的混凝剂、助凝剂等两部分组成。排泥水如不经处理就直排入江河湖泊等水体，会成为水体的污染源，还会淤积抬高河床，影响江河的航运和行洪排涝能力。

　　水厂应当采用合理的方法和有效措施，对生产工艺中产生的底泥进行处理，规范排污口设置并向环保部门申报排放污物的数量和浓度。

10.3.3.2 消毒药剂对环境的影响

氯气是具有腐蚀性剧毒的气体，只要人吸入浓度为 $2.5mg/m^3$ 的氯气时，就会死亡。液氯钢瓶及加氯设施（尤其液氯钢瓶）一旦发生泄漏，将可能造成多人伤害的严重后果。因此，在使用过程中要避免发生漏氯事故，对周边环境产生不利影响。

现场制取的次氯酸钠属强氧化剂和消毒剂，适用于小型水厂，使用中要防止对容器和设备的腐蚀。

第 11 章

水质检测与管理

11.1 水质检测仪器设备

11.1.1 供水单位最少应配备检测设备

供水单位应根据工程具体情况建立水质检测制度，配备检验人员和检验设备，对原水、出厂水和管网末梢水进行水质检验。

(1) 供水规模小于 $200m^3/d$ 的供水单位最少应配备检测设备：浊度、余氯等水质快速检测设备，地下水铁、锰、氟化物超标工程应增加相应检测设备。

(2) 供水规模 $200\sim1000m^3/d$ 的供水单位最少应配备检测设备：浊度、余氯、pH 值、细菌总数、大肠菌群、TDS、碱度、水温计等设备。地下水铁、锰、氟化物超标应增加相应检测设备。

(3) 供水规模 $1000\sim5000m^3/d$ 的供水单位应：建立检验室，最少配置浊度、余氯、pH 值、细菌总数、大肠菌群、TDS、耗氧量、氯化物、铁、锰、硫酸盐、氨氮、碱度、水温计等检验设备，地下水铁、锰、氟化物超标应增加相应检测设备。

(4) 供水规模大于 $5000m^3/d$ 的供水单位最少应配备：《生活饮用水卫生标准》(GB 5749—2006) 常规检测项目的设备，并开展相应检测工作。

11.1.2 供水单位的基本检测设备

11.1.2.1 检测设备清单

检测设备清单见表 11-1。

表 11-1   检 测 设 备 清 单

序号	名　称	规　格	数量	用　途	备　注
1	超净工作台	单人单面	1台	接种用	
2	电热恒温培养箱	500mm×400mm×400mm	1台	培养细菌	
3	电热鼓风干燥箱	101-1型、工作室尺寸：45cm×45cm×35cm	1台	干热灭菌	温度范围：室温～300℃
4	手提式高压蒸汽灭菌锅	内径：φ35cm	1台	湿热灭菌	
5	物理天平	精度0.1g，500g	1台	称药品	
6	水浴恒温器		1台	检测化学需氧量	
7	电炉	1000W	1台	溶解培养基等	
8	酸度计	PHB-3便携式	1台	测样品酸碱度	测定时间长
9	电导率仪	DDS-11A型	1台	测样品电导率	
10	TDS测试仪		1台	检测TDS	
11	浊度仪	上海	1台	浊度	
12	不锈钢筒	11cm×21cm	5个	培养皿灭菌用	
		6.5cm×40cm	2个	吸管灭菌用	
13	计算器	普通功能	1个	配制培养基等	
14	冰箱	160	1台		
15	六联电动搅拌器		1个		

11.1.2.2　玻璃器皿类检测清单

玻璃器皿类检测清单见表11-2。

表 11-2   玻璃器皿类检测清单

序号	名称	规　格	数量	用　途	备　注
1	培养皿	φ9.0cm	100套	检测细菌等	
2	吸管	10mL	25支		上端管口外径：φ0.7cm
		1mL	30支		
3	三角瓶	500mL	2个		V形瓶口需配置硅胶塞
		300mL	4个		同上
		250mL	25个		同上
4	量筒	1000mL	1个		
		100mL	2个		
5	试管	1.8cm×18cm	50支		需配置硅胶塞
		1.5cm×15cm	60支		同上

续表

序号	名称	规格	数量	用途	备注
6	发酵管		100 支		
7	烧杯	400mL	1 个		
		200mL	1 个		
8	酒精灯	250mL	1 个		
		150mL	2 个		
9	漏斗		2 个		
10	玻璃棒		2 支		
11	白广口瓶	250mL	2 个		

11.1.2.3　培养基和化学试剂清单

培养基和化学试剂清单见表 11-3。

表 11-3　　　　　　　　培养基和化学试剂清单

序号	名　　称	规格	用　途
1	营养琼脂	250g/瓶	检测菌落总数
2	乳糖胆盐培养基		检测大肠菌群
3	乳糖复发酵培养基		检测大肠菌群
4	蛋白胨		细菌
5	氯化钠		配制生理盐水
6	牛肉膏		细菌
7	1.6%溴甲酚紫乙醇		
8	蒸馏水		余氯
9	无水磷酸氢二钠（Na_2HPO_4）		余氯
10	无水磷酸二氢钾（KH_2PO_4）		余氯
11	重铬酸钾（$K_2Cr_2O_3$）		余氯
12	纯铬酸钾（K_2CrO_4）		余氯
13	二盐酸邻联甲苯胺〔（$C_6H_3CH_3NH_3$）2·HCl〕		余氯
14	硅胶干燥器		
15	高锰酸钾（$KMnO_4$）		耗氧量
16	草酸钠（$Na_2C_2O_4$）		耗氧量
17	纯硫酸（H_2SO_4、18mol/L）		耗氧量

序号	名　称	规格	用　途
18	75％酒精		
19	盐酸		
20	洗洁剂		
⋮	⋮		

11.1.2.4　其他配套材料

其他配套材料见表11-4。

表 11-4　　　　　　　　其他配套材料

序号	名　称	规　格	数量	备注
1	温度计	0~300℃	1支	
		0~100℃	1支	
2	石棉网		2张	
3	试管架	孔径2.0cm	2个	
		孔径1.6cm	1个	
4	瓶塞	硅胶塞	同三角瓶数量	
5	试管塞	硅胶塞（大小与试管对应）	同试管数量	
6	吸耳球		2个	
7	刷子	梨形、圆形、圆柱形	各2个	
8	不锈钢药勺		5个	
9	橡胶管	内径0.5cm	一条，约1m	
10	记号笔	油性	1支	
		蜡性	2支	
11	脱脂棉		1包	
12	纱布		1包	
13	剪刀、镊子、小刀		各1个	
14	滴瓶	500mL	1个	
15	工作服		2套	包括帽子、口罩、衣服、拖鞋、胶手套

11.2　水质检测实验室

11.2.1　水质检测实验室基本要求

一个良好的实验室除了配备必要的检测器皿和设施、设备，还必须有一套完善的管理制度，如果管理混乱，必将严重影响分析数据的质量。实验室管理制度应涵盖从采样到报告结果编写的全过程，任何一个方面的疏忽都有可能导致错误的发生。

操作人员应注意人身安全和水厂财产设施的使用与完好。在使用电器设备、高压气体、化学试剂以及接触细菌、病毒时，必须严格按照规程与规章制度要求操作，避免事故的发生。操作人员应该了解各种仪器和化学试剂的性质，以及意外情况发生时的应急处置措施。小型化验室应满足以下一些基本要求。

（1）实验室应配备个人防护装备，如防护手套、口罩、防护镜以及急救药品等。

（2）实验室应配备防火设备并保证其安全有效。

（3）实验室应具有良好的通风条件，避免有毒有害物质聚集，危害操作人员的身体健康。

（4）实验室应制定针对剧毒化学试剂的保管和领用制度，做好双人双锁管理，建立化学试剂使用情况登记本。

（5）实验用试剂应确保在有效期内使用，不稳定试剂需现用现配。

（6）实验用仪器、量具等与检验数据直接相关的设备，应按照要求进行定期检定和校准，并做好记录。

（7）实验室内禁止饮食，实验用各种化学试剂均不得入口，实验结束后仔细洗手。

（8）操作人员配制标准色列时，应使用成套的比色管，各管内径与分度高低应该一致，必要时应对体积进行校正。

（9）操作人员使用浓碱或其他强腐蚀试剂时要谨慎小心，防止溅在皮肤、衣服、鞋袜上，用硝酸、硫酸、氨水等试剂时，要在通风柜内进行。

（10）操作人员使用剧毒药品时，要特别小心，以免误入口内或接触伤口。

（11）操作人员使用四氯化碳、三氯甲烷、丙酮等有毒或易燃的有机溶剂时，一定要远离火焰及其他热源；敞口操作并有挥发时，应在通风柜内进行，用后盖紧瓶塞，置阴凉处存放。

（12）用过的废液废物应集中收集处理，废液不可倾倒入水槽中。

（13）应爱护仪器设备，定期检查是否漏电，操作时应严格遵守操作规程。

（14）离开实验室时应认真检查水、电、气路是否关闭，并关闭好门窗。

11.2.2 容器洗涤基本要求

11.2.2.1 一般理化指标采样容器的洗涤

将容器用水和洗涤剂清洗，除去灰尘、油垢后用自来水冲洗干净，然后用 10% 硝酸（或盐酸）浸泡 8h，取出沥干后用自来水冲洗 3 次，并用蒸馏水充分淋洗干净。

11.2.2.2 有机物指标采样容器的洗涤

用重铬酸钾洗液浸泡 24h，然后用自来水冲洗干净，用蒸馏水淋洗后置烘箱内 180℃ 烘 4h，冷却后再用纯化过的己烷、石油醚冲洗数次。

11.2.2.3 微生物指标采样容器的洗涤和灭菌

（1）容器洗涤：将容器用自来水和洗涤剂洗涤，并用自来水彻底冲洗后用 10% 盐酸溶液浸泡过夜，然后依次用自来水、蒸馏水洗净。

（2）容器灭菌：热力灭菌是最可靠且普遍应用的方法。热力灭菌分干热灭菌和高压蒸气灭菌两种。干热灭菌要求 160℃ 下维持 2h；高压蒸气灭菌要求 121℃ 下维持 15min。高压蒸汽灭菌后的容器，如不立即使用，应在 60℃ 下将瓶内冷凝水烘干。灭菌后的容器应在 2 周内使用。

11.2.3 实验用水基本要求

（1）检验中所使用的水均为纯水，可由蒸馏、重蒸馏、亚沸蒸馏和离子交换等方法制得，也可采用复合处理技术制取。

（2）实验室检验用水应符合《中国国家实验室用水》（GB 6682—2000）的要求，实验室用水分级见表 11-5。

表 11-5　　　　　　　　　　　　　分析实验室用水规格

项 目 名 称	一级	二级	三级
pH 值范围（25℃）	—	—	5.0—7.5
电导率（25℃）/(μS/cm)	≤0.1	≤1	≤5
比电阻（MΩ·cm，25℃）	≥10	≥1	≥0.2
可氧化物质[①]（以 O_2 计）/(mg/L)	—	≤0.08	≤0.4
吸光度（254nm，1cm 光程）	≤0.001	≤0.01	—
溶解性总固体（105±2）℃/(mg/L)	—	≤1.0	≤2.0
可溶性硅（以 SiO_2 计）/(mg/L)	<0.01	<0.02	

① 量取 1000mL 二级水，注入烧杯中，加入 20% 硫酸溶液 5.0mL，混匀；或量取 200mL 三级水，注入烧杯中，加入 20% 硫酸溶液 1.0mL，混匀。在上述已酸化的试液中，分别加入 0.01mol/L 高锰酸钾标准溶液 1.00mL，混匀，盖上表面皿，加热至沸腾并保持 5min，溶液的粉红色不得完全消失。

（3）超痕量分析时使用一级水；对高灵敏度微量分析，使用二级水；三级水用于一般化学分析。

（4）各级纯水均应使用密闭、专用的聚乙烯、聚丙烯、聚碳酸酯等类容器；三级水也可使用专用玻璃容器。新容器在使用前应进行处理，常用 20％盐酸溶液浸泡 2～3d，再用待测水反复冲洗，并注满待测水浸泡 6h 以上，沥空后再使用。

（5）由于纯水贮存期间可能会受到实验室空气中二氧化碳、氢气、微生物和其他物质以及来自容器壁污染物的污染，因此，一级水应在使用前新鲜制备，二级水、三级水贮存时间也不宜过长。

（6）各级用水在运输过程中应避免被污染。

11.2.4　药品称量及使用原则

（1）称量配制药品前，要先认清标签或其他注释。

（2）拿药品时，标签向着掌心，打开药品时盖子不要随意放置。

（3）称量固体药品时所用的硫酸纸或小烧杯、药匙应干净且每种药品使用一个药匙，不要混用，称量多余的药品不要往回倒，液体药品用吸管、滴管，勿用匙。

（4）药品按纯度分为五级，实验时要根据不同的要求选用不同纯度的试剂：①优级纯（GR）绿色标识，高精度分析；②分析纯（AR）红色标识；③化学纯（CP）蓝色标识，为辅助试剂；④实验试剂（LR）黄色标识，为辅助试剂；⑤生物试剂（BR）棕色或咖啡色标识，为培养基。

11.2.5　检测记录保存

实验室应有专用的检验记录及表格作为原始记录，检验人员应及时、真实记录所有的检测数据，并做到字迹清晰、内容完整，切不可临时记在小纸条上，事后补抄。以下为检验记录的一般要求：记录检验项目名称；记录样品名称；记录采样时间和测定时间；记录采用的方法名称，如操作过程中出现特殊情况，应特别加以注明，并记录产生原因和处理办法等；采用容量法时应记录标准溶液浓度、消耗体积等重要参数，操作过程中如对样品进行稀释，应注明操作过程和稀释倍数，并计算出样品浓度；采用光度法等仪器方法时应记录标准系列浓度、标准和样品溶液的测定吸光值（或峰高、峰面积等）、稀释倍数等参数，并计算出标准曲线、相关系数和样品浓度等。

应做好样品原始记录的保存工作，建立相关的档案，归档管理，为日后的工作提供必要的参考。

11.3 水质检测

11.3.1 水质检测指标

在进行水质检测时，应选择适合本地实际情况的、具有代表意义的水质指标。考虑到农村地区的小型集中式供水工程和分散式供水工程实际条件有可能难以全部达到生活饮用水卫生国家标准的规定，GB 5749—2006 对小型集中式供水和分散式供水的部分水质指标作了适度的放宽，共 14 项，放宽后的限值参见表 11-6。

表 11-6　　小型集中式供水和分散式供水部分水质指标及限值

指　标	限　值	意　义
1. 微生物指标		
菌落总数/(CFU/mL)	500	作为评价水质清洁程度和考核净化效果的指标，不指示传染病风险程度
2. 毒理指标		
砷/(mg/L)	0.05	根据流行病学调查资料，在本限值时未发现有砷中毒症状
氟化物/(mg/L)	1.2	根据流行病学调查资料，贫困地区居民对氟化物承受水平应低于 1.0mg/L；制订本限值只是从当前实际可行性考虑
硝酸盐（以 N 计）/(mg/L)	20	根据流行病学调查资料，在本限值时未发现硝酸盐中毒症状
3. 感官性状和一般化学指标		
色度（铂钴色度单位）	20	色度为 20 时一般消费者尚可接受
浑浊度/NTU	3 水源与净水技术条件限值时为 5	原则上水的浑浊度尽可能低，但条件限制时，浑浊度为 5NTU 尚可接受
pH 值	不小于 6.5 且不大于 9.5	饮水 pH 值为 6.5～9.5 对人体健康并无不良影响，但需注意较高 pH 值时易结垢
溶解性总固体/(mg/L)	1500	可能已影响水的口感，但尚可接受
总硬度（以 $CaCO_3$ 计）/(mg/L)	550	可能已影响水的口感，但尚可接受

续表

指　标	限　值	意　义
耗氧量（COD_{Mn}法，以 O_2 计）/（mg/L）	5	可能已影响水的颜色，但尚可接受
铁/（mg/L）	0.5	可能已影响水的颜色或气味，但尚可接受
锰/（mg/L）	0.3	可能已影响水的颜色，但尚可接受
氯化物/（mg/L）	300	可能已影响水的口感，但尚可接受
硫酸盐/（mg/L）	300	可能已影响水的口感，但尚可接受

11.3.2　水质检测项目和频率

农村供水厂生产过程中开展的水质检测项目和频率参考表 11-7 的规定。

表 11-7　　　　　　　　　水质检测指标和频率

水　样		检　测　项　目	检测频率
水源水	地表水、地下水	浑浊度、色度、嗅和味、肉眼可见物、COD_{Mn}、氨氮、细菌总数、总大肠菌群、大肠埃希氏菌或耐热大肠菌群[①]	每日不少于1次
	地表水	GB 3838—2002 中规定的水质检验基本项目、补充项目及特定项目[②]	每月不少于1次
	地下水	GB/T 14848—93 中规定的所有水质检测项目	每月不少于1次
沉淀、过滤等各净化工序		浑浊度及特定项目[③]	每1～2h 1次
出厂水		浑浊度、余氯、pH 值	在线监测或每小时1～2次
		浑浊度、色度、嗅和味、肉眼可见物、余氯、细菌总数、总大肠菌群、大肠埃希氏菌或耐热大肠菌群[①]、COD_{Mn}	每日不少于1次
		GB 5749—2006 规定的表1、表2全部项目和表3中可能含有的有害物质[④]	每月不少于1次
		GB 5749—2006 规定的全部项目[⑤]	地表水为水源，每半年检测1次；地下水为水源，每年检测1次

水　样	检 测 项 目	检测频率
管网水	色度、嗅和味、浑浊度、余氯、细菌总数、总大肠菌群、COD$_{Mn}$	每月不少于两次
管网末梢水	GB 5749—2006 规定的表 1、表 2 全部项目和表 3 中可能含有的有害物质④	每月不少于1 次

① 当水样检出总大肠菌群时才需进一步检验大肠埃希氏菌或耐热大肠菌群。

② 特定项目的确定按照 GB 3838—2002 规定执行。

③ 特定项目由各水厂根据实际需要确定。

④ "表 3 可能含有的有害物质"的实施项目和日期的确定按照 GB 5749—2006 规定执行。

⑤ 全部项目的实施进行按照 GB 5749—2006 规定执行。

11.3.2.1　小型供水单位（小于 1000m³/d）

根据实际情况开展水质检测，浊度为必检项目。

（1）供水规模小于 200m³/d 的供水单位检测项目：最少应检测浊度、余氯。

（2）供水规模 200～1000m³/d 的供水单位检测项目：最少应检测浊度、余氯、pH 值、微生物和耗氧量（无条件时应定期送检）。

11.3.2.2　中大型供水单位

应根据工程具体情况建立水质检测制度，配备检测人员和检验设备，对原水、出厂水和管网末梢水进行水质检测。

（1）供水规模 1000～5000m³/d 的供水单位最少应检测项目：开展浊度、余氯、pH 值、细菌总数、大肠菌群、TDS、耗氧量、氯化物、铁、锰、硫酸盐、氨氮、碱度、水温计等项目检测，地下水铁、锰、氟化物超标应增加相应检测项目。有专人负责水质检测工作。

（2）供水规模大于 5000m³/d 供水单位应检测项目见表 11 - 7。应配备 GB 5749—2006 常规检测项目的设备，并开展相应检测工作。

11.4　水厂的运行检测

农村水厂管理单位在水质净化和输配水的各个环节中应自己开展运行检测，以便掌握水质，发现问题，及时解决。运行检测所采用的指标均为能反映水质特性、操作简便并能快速提供检测数据。运行检测应能及时指导本水厂的水净化和消毒等工作。

水厂管理组织应控制供水全过程的全部风险，应针对每一项控制措施设立恰当的运行检测，以便发现问题和纠正差错。运行检测指标选择举例见表 11 - 8。

表 11 - 8 　　　　　　　　　　运行检测指标选择举例

运行检测指标	原水	混凝	沉淀	过滤	活性炭吸附	消毒	配水系统
pH 值		√	√			√	√
浑浊度（或颗粒物计数）	√	√	√	√	√	√	√
溶解度	√				√		
溪/河流量	√						
雨量	√						
色度	√						
电导率（或 TDS）	√						
总有机碳	√		√		√		
流速		√	√	√		√	
净负荷		√					
流量		√					
水头损失				√			
C_t 值 *						√	
消毒剂余量						√	√
消毒副产物						√	
水压					√		√

* 　C_t＝消毒剂浓度×接触时间。